LA
BONNE CUISINE

POUR TOUS

OU

L'ART DE BIEN VIVRE

A BON MARCHÉ

Par MARCEL BUTLER

EX-CHEF DE CUISINE

Celui qui reçoit ses amis et ne donne
aucun soin personnel au repas qui leur
est préparé, n'est pas digne d'avoir des
amis.

BRILLAT-SAVARIN.

LIBRAIRIES DE L'OMNIBUS ILLUSTRÉ

Paris — Bruxelles — Lille

1885

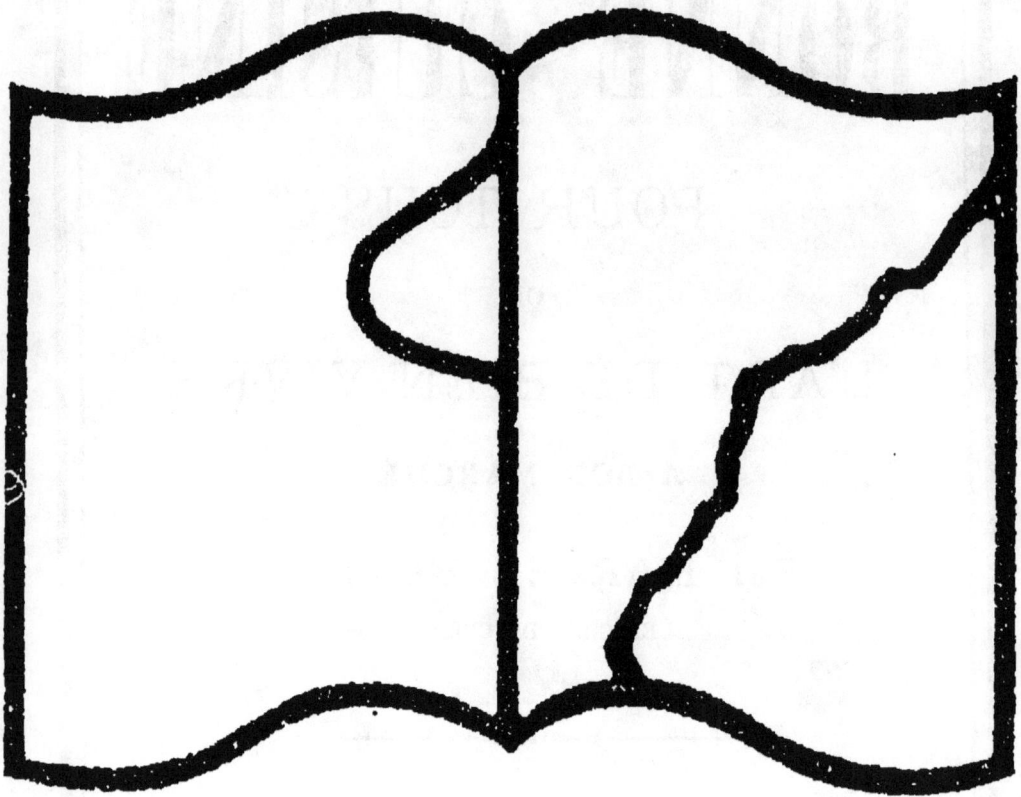

Texte détérioré
Marge(s) coupée(s)

EN PRÉPARATION

DU MÊME AUTEUR

L'ÉCONOMIE DU MÉNAGE

SOMMAIRE

BRUXELLES, IMPRIMERIE E. BOQUET

LA BONNE CUISINE

POUR TOUS

LA
BONNE CUISINE

POUR TOUS

OU

L'ART DE BIEN VIVRE

A BON MARCHÉ

Par MARCEL BUTLER

EX-CHEF DE CUISINE
RÉDACTEUR DU CARNET DE LA MÉNAGÈRE A L'OMNIBUS ILLUSTRÉ

> Celui qui reçoit ses amis et ne donne
> aucun soin personnel au repas qui leur
> est préparé, n'est pas digne d'avoir des
> amis.
>
> BRILLAT-SAVARIN.

DEUXIÈME MILLE

LIBRAIRIES DE L'OMNIBUS ILLUSTRÉ

Paris — Bruxelles — Lille

—

1885

QUELQUES MOTS AU LECTEUR

EN MANIÈRE DE PRÉFACE

On nous demande, depuis longtemps, un traité de cuisine à la portée de tous, un livre que la ménagère puisse consulter à tout instant, soit pour préparer un bon plat, soit pour trouver la manière de tirer parti des reliefs du dîner et de les accommoder d'une façon nouvelle.

Ce livre, en effet, n'existe pas encore ; il ne manque point, il est vrai, de traités de cuisine, il en est de petits, de gros, de moyens, il en est de toutes couleurs et pour toutes les bourses, mais tous font, dirait-on, de l'art pour l'art et semblent se soucier fort peu de leurs lecteurs.

Les uns nous enseignent gravement une cuisine savante qui n'est, à vrai dire, à la portée de personne. Ils vous diront sérieusement que pour faire un salmis de gibier, il faut prendre la chair de cinq ou six perdreaux, etc.

Les chosesse pratiquaient peut-être ainsi aux Tuileries, au temps où il y avait des Tuileries, mais ce mode de cuisine, assez peu pratique, fort peu économique, n'est pas de mise dans nos ménages.

D'autres nous enseignent à nous, gens du Nord, qui avons le beurre en grande estime, à faire la cuisine à l'huile et à l'ail. Ils nous disent la manière de rôtir nos viandes à la broche, devant un bon feu de bois clair ; c'est parfait, malheureusement nous n'avons que des poêles au charbon et nos rôtis se font au four.

Tous enfin parlent un langage obscur, prétentieux, entremêlé de locutions spéciales, qui veulent un dictionnaire *ad hoc.*

On dirait de véritables savants ; ils le sont peut-être, mais à coup sûr, ils ne sont point clairs et n'ont pas l'art de se mettre à la portée de leurs lecteurs.

Sans compter qu'à suivre leurs indications, ce ne serait point trop de toute une journée pour préparer un fort modeste repas ; il faut de plus mille choses auxquelles on n'avait jamais songé : des épices, des sauces, des ustensiles, que sais-je... c'est à n'en plus finir.

L'*Omnibus Illustré* a coutume, depuis sa création, de publier, à peu près chaque semaine, la recette aussi simple que possible de quelques mets faciles à préparer.

Beaucoup de ses lecteurs ont voulu en essayer, ils s'en sont fort bien trouvés.

« Pourquoi, nous écrivait dernièrement un des abonnés de ce journal, ne nous donnez-vous pas un traité de cuisine; vos recettes sont faciles, pratiques; vous rendriez un véritable service.

Nos ménagères sont souvent bien embarrassées pour varier un peu notre modeste ordinaire.

Si elles prennent une *Cuisinière bourgeoise* ou un *Parfait cordon bleu*, c'est à perdre la tête; la bourse et le temps n'y peuvent suffire. Elles sont si heureuses pourtant de pouvoir offrir à leur mari, à leurs enfants, quand ils rentrent le soir, bien fatigués, à la maison, un bon repas au coin de la cheminée qui flambe.

Un bon dîner, vous le savez, ne coûte pas plus cher qu'un mauvais, et quand on se trouve bien chez soi, on s'y plaît, on y reste. »

Notre ami a raison, nous le comprenons fort bien, nous n'hésitons plus à nous mettre à l'œuvre.

C'est donc à l'intention des abonnées de l'*Omnibus Illustré* que nous écrivons ce petit livre ; il est bien juste de le leur dédier. Elles n'y trouveront ni grand étalage de science, ni beau langage, mais tout simplement la manière de préparer rapidement et à bon marché, quelques plats excellents qui seront certainement les bienvenus sur la table de famille.

M. B.

DIVISION DE L'OUVRAGE

LES VÉRITABLES RECETTES DE LA CUISINE BOURGEOISE

I. Les potages.

II. Les hors-d'œuvre.

III. Les sauces.

IV. Le bœuf.

V. Le veau.

VI. Le mouton.

VII. Le porc.

VIII. Le gibier.

IX. La volaille.

X. Les légumes.

XI. Le poisson.

XII. Les œufs.

XIII. Les entremets et le dessert.

LA MEILLEURE MANIÈRE D'ACCOMMODER LES RESTES

LES TERMES DE CUISINE

———◆———

Ce n'est point ici un livre de cuisine savante, il n'est donc pas besoin de donner la liste et l'explication de tous les termes plus ou moins obscurs, étranges parfois, dont les maîtres de la cuisine se plaisent à émailler leurs œuvres. Il ne s'agit pas pour nous d'être incompréhensibles, à plaisir, pour le seul plaisir de paraître savants.

Nous parlerons donc le langage de tout le monde et nous bornerons à expliquer quelques mots fort simples, d'ailleurs, dont l'emploi est à peu près indispensable.

ABATIS. On entend par ce mot les ailes, le cou, les pattes, le foie et le gésier d'une volaille. Si vous achetez un poulet au marchand de comestibles, il vous le livre ordinairement tout préparé et conserve pour lui les abatis. Il est bon de les réclamer, car une ménagère en sait tirer excellent parti.

AGITER. Remuer par secousses et d'une manière continue.

AIGUILLETTES. Tranches minces découpées sur l'estomac des volailles ou dans la chair de certains animaux de chaque côté de l'épine dorsale. On les nomme également *émincés*.

BAIN-MARIE. Pour faire cuire ou chauffer au *bain-marie*, on place le vase qui contient la viande ou le liquide dans une casserole que l'on remplit d'eau bouillante et que l'on place sur le feu. Il faut, tout naturellement, avoir soin que l'eau bouillante ne se mélange pas à la viande ou à la crème que l'on veut cuire.

BANDES DE LARD. Ce sont des tranches de gras de lard, coupées très minces, que l'on place sur certaines viandes avant de les faire cuire. Lorsqu'une volaille est ainsi garnie d'une bande de lard, retenue par un fil, on dit qu'elle est *bardée*.

BLANCHIR. Mettre dans l'eau bouillante, pendant quelques minutes, des légumes, de la viande, ou du poisson avant de les faire cuire. Le but de cette opération est de faire disparaître une certaine âcreté, fort désagréable au goût.

BOUQUET GARNI. On prend quelques branches de persil, une feuille de laurier, du thym, quelques clous de girofle, parfois une gousse d'ail, si l'on ne craint pas cet excellent condiment, si justement cher aux méridionaux, on lie le tout ensemble de manière à faire cuire le bouquet avec la viande et à pouvoir le retirer au moment de servir.

BOULETTES. Viandes hachées et roulées en forme de petites boules. Le mot boulettes ne semblant point assez relevé, on appelle en grande cuisine cette préparation des *quenelles*.

BRIDER. Brider une volaille, c'est serrer les ailes et les cuisses le long du corps, au moyen d'une ficelle, pour les empêcher de s'en écarter pendant la cuisson. On procède de même avec une pièce de viande pour lui conserver sa forme au sortir du four.

BRAISER. Braiser une viande, c'est la faire cuire dans un vase dont le couvercle ferme exactement. On en fabrique tout exprès qui portent le nom de *braisières*.

CHAPELURE. On fait de la *chapelure* en râpant une croûte de pain.

CISELER. Quand on met des marrons au four, il faut les fendre légèrement pour les empêcher d'éclater, de même quand on veut faire cuire certains poissons sur le gril, on pratique de légères incisions, de place en place, pour les empêcher de se déchirer sous l'action du feu. C'est ce que les cuisiniers appellent *ciseler*.

COULIS. Autrement dit *jus*.

CROUSTADES-CROUTONS On découpe de petits carrés de mie de pain, on les fait frire dans du beurre et l'on a les croustades ou croûtons demandés.

DAUBE. Cuire une viande en *Daube* ou la *braiser*, c'est la même chose.

DÉGORGER. *Faire dégorger une viande*, c'est la placer quelque temps dans de l'eau froide pour permettre au sang de s'écouler. On procède de même avec certains poissons pour leur faire perdre le goût de bourbier qui les rend fort désagréables à manger.

DÉGRAISSER. Oter la graisse. Il est un moyen fort simple de dégraisser une sauce, il suffit d'y verser un peu d'eau froide, la graisse vient à la surface et se coagule, il n'y a plus qu'à la retirer.

DORER. Pour donner une belle apparence à certains gâteaux, à des petits pains, on les badigeonne, avant de les faire cuire, avec un pinceau trempé dans un jaune d'œuf mélangé d'eau. Certains industriels remplacent l'œuf par du safran.

ÉCHAUDER. Pour détacher facilement les poils ou les plumes d'un animal, il suffit de le tremper pendant quelques secondes dans de l'eau sur le point de bouillir. On répète au besoin l'opération de manière à pouvoir enlever les poils ou la plume sans endommager la peau.

ÉMINCER. Faire des *émincés*.

ESCALOPES. Autre nom des *émincés*.

ÉTOUFFÉE. Voir BRAISER.

ÉTUVÉE. Idem.

FAISANDER. Garder la viande pour la rendre plus tendre — le gibier ainsi conservé développe tout son fumet. Il est bon de ne point trop laisser faisander la viande, car elle devient à la longue d'une digestion difficile et peut engendrer des maladies.

FLAMBER. Promener lentement sur la flamme une volaille plumée, afin de faire disparaître le duvet.

FONCER. Mettre des bandes de lard au fond d'une casserole.

FRÉMIR. Un liquide frémit quand on remarque à la surface l'agitation qui précède l'ébullition. L'eau frémit toujours avant de bouillir.

GLACE. Gelée que forme le jus de viande en refroidissant.

GRATIN. Croûte légère, d'une belle apparence, que l'on

obtient en faisant cuire certains mets feu dessus et dessous.

HABILLER. On *habille* un poisson en l'écaillant, le vidant et le passant à l'eau. On habille une volaille en la plumant, la vidant, la flambant et la troussant.

LARDER. Introduire de petits morceaux de lard dans une viande à l'aide d'une aiguille fabriquée à cet usage et que l'on nomme *lardoire*.

LIAISON. Ce sont des jaunes d'œufs délayés dans du vinaigre, du bouillon, etc., que l'on ajoute, à un moment donné, à une sauce ou à un potage pour lui donner plus de consistance.

MARINER. Placer dans du vinaigre aromatisé d'épices, des viandes, des poissons et les laisser plus ou moins longtemps dans cette sauce.

MIJOTER. Faire cuire doucement et à petit feu.

MORTIFIER. Voir FAISANDER. On arrive rapidement à attendrir la viande en la frappant vivement quelques instants avant de la cuire.

MOUILLER. Verser un liquide quelconque dans ce qu'on prépare.

NEIGE. Blancs d'œufs battus jusqu'à ce qu'ils ressemblent à des flocons de neige.

PANER. Couvrir de mie de pain, écrasée très fin, un morceau de viande.

PARER. Enlever les peaux, les nerfs d'un morceau de viande, de manière à lui donner une forme appétissante.

PASSER. Exposer quelques instants la viande ou les légumes à un feu vif avec du beurre ou de la graisse, avant de les accommoder.

REVENIR. — FAIRE REVENIR. — Passer des légumes, des oignons par exemple, ou de la viande, dans du beurre bien chaud.

RISSOLER. Faire cuire une viande ou des boulettes à un feu vif de manière à les faire passer au jaune foncé et à les rendre croquantes.

SAUTER. Agiter fortement et dans tous les sens une casserole, en la tenant par le manche, pendant que le mets qu'on prépare cuit sur un feu vif.

LA
BONNE CUISINE

POUR TOUS

OU L'ART DE BIEN VIVRE

A BON MARCHÉ

I. — SOUPES ET POTAGES

POTAGES GRAS

Pot-au-Feu. — Nous observerons en premier lieu que pour obtenir de bon bouillon la quantité d'eau doit être le double de celle de la viande. Prenez un morceau de bœuf ni trop gras, ni trop maigre. (Les morceaux qu'il faut préférer sont le gîte à la noix, la culotte, le milieu du trumeau et le bas de l'aloyau.) Mettez-le dans une marmite avec la quantité d'eau voulue, jetez-y une poignée de gros sel. Placez votre marmite sur un feu modéré pour faire écumer. Enlevez l'écume à mesure qu'elle se montre, puis ajoutez :

Laurier, thym, une gousse d'ail, poireaux, navets, céléri, carotte, un cœur de chou et un oignon blanc dans lequel on pique deux clous de girofle, une pincée de poivre. Tout cela fait, vous abandonnez votre pot-au-feu à une lente ébullition de 4 à 5 heures.

Pour donner de la couleur au bouillon, on y ajoute un oignon brûlé sous la cendre ou au four, ou, si l'on veut, un caramel ou encore des cosses de pois ronds grillées au four.

N.-B. Souvent le pain du boulanger gâte le parfum du pot-au-feu, il faut donc avoir soin de faire rôtir le pain avant de tremper le bouillon.

Consommé. — Le bouillon réduit et concentré à petit feu, forme le consommé.

Pour le perfectionner, on place dans une marmite : un jarret de veau et une poule ; on mouille le tout de bouillon froid dans la proportion de deux litres pour un kilog. de viande ; on fait bouillir doucement, on écume, on ajoute quelques légumes, et on laisse bouillir de nouveau et à petit feu pendant quatre heures.

Bouillon de poule — Prenez une poule (une vieille poule peut faire un bon bouillon) ; mettez-la dans une marmite avec quantité d'eau voulue.

Laissez bouillir doucement, puis écumez. Salez et ajoutez une petite branche de céléri, une petite carotte et un oignon moyen. Laissez bouillir à petit feu.

Les malades, les convalescents se trouvent fort bien du bouillon de poule.

Bouillon d'herbes. — Prenez une bonne poignée d'oseille, quelques feuilles de laitue, un peu de cerfeuil. Lavez bien ces herbes ; hachez-les et faites cuire une bonne demi-heure en ajoutant l'eau voulue. Passez le bouillon, puis salez et ajoutez un morceau de beurre.

Bouillon de veau. — Faites cuire pendant environ deux heures un morceau de rouelle de veau dégraissée dans la quantité voulue d'eau. Passez le bouillon et salez un peu. On le rend plus agréable en y ajoutant un peu de cerfeuil ou de pourpier.

Bouillon pour convalescents. — Hachez finement une livre de viande de bœuf bien dégraissée et mettez-la dans l'eau froide (un peu plus d'un litre). Laissez bouillir vivement pendant quelques minutes. Passez votre bouillon, et ajoutez-y un oignon brûlé sous la cendre pour lui donner de la couleur.

Bouillon de poulet à la minute, pour malades. — Hachez menu un jeune poulet duquel vous aurez retiré la peau, avec une demi-livre de veau.

Mettez ce hachis dans une casserole en ajoutant l'eau voulue, quelques poireaux et un oignon coupés en petits morceaux. Laissez bouillir une demi-heure, en tournant de temps en temps ; puis passez à travers un linge.

Conservation et restauration du bouillon. — Retirez la viande du bouillon qui vous reste, la soupe du jour servie. Passez le bouillon à travers un tamis fin, et mettez-le dans un lieu frais en y ajoutant une petite pincée de carbonate de soude, s'il fait fort chaud. Cela l'empêchera de devenir aigre.

Le lendemain, en le faisant bouillir, vous remarquerez une écume blanche, vous l'enlèverez, et si le bouillon n'est pas aigre, il se conservera jusqu'au 3e jour sans nouvelle addition d'acide. Si le contraire se présentait, vous y ajouteriez de nouveau du carbonate de soude pour faire disparaître le goût.

Soupe à la bonne ménagère. — S'il vous reste des débris de viandes et de volailles, ce qui arrive, prenez-en les os et les carcasses.

Mettez-les dans la marmite avec légumes et assaisonnements comme pour le pot-au-feu, la gousse d'ail exceptée.

Laissez cuire une heure. Deux heures avant de servir, retirez de votre marmite la quantité de bouillon nécessaire pour le lendemain, et mettez à la place un bon chou coupé en morceaux. Vous mangerez ainsi une excellente soupe au chou.

Soupe à la bonne femme. — Dans le bouillon qui vous reste, vous mettrez après les avoir fait revenir au beurre, des navets, des poireaux et quelques pommes de terre entières. Un peu avant de servir écrasez vos pommes de terre, et versez le potage sur du pain grillé.

Potage aux asperges. — Prenez du bouillon

gras en quantité suffisante. Ajoutez un peu de persil, thym, une feuille de laurier, deux bons oignons et deux navets ordinaires. Salez. Mettez-y vos asperges, excepté les pointes que vous ferez cuire à part, à l'eau bouillante légèrement salée. Passez à la passoire. Remettez au feu environ cinq minutes et servez en ajoutant vos pointes d'asperges.

Potage brunoise. — Prenez carottes, navets, pommes de terre et poireaux. Epluchez et lavez bien. Coupez les légumes en petits dés ; sauf les poireaux que vous couperez en tranches rondes. Salez, et mouillez avec du bouillon.

Ajoutez feuille de laurier, thym et pointes d'asperges. Laissez cuire.

Avant de servir, ajoutez quelques petits croûtons passés au beurre.

Potage aux carottes. — Epluchez quelques carottes et lavez-les bien. Coupez-les en tranches minces. Mettez-les cuire dans du bouillon. Salez, ajoutez une feuille de laurier. Passez à la passoire. Remettez quelques minutes au feu et servez sur du pain coupé en tranches, ou sur quelques croûtons passés au beurre.

Potage aux choux. — Prenez un chou bien serré. Coupez-le par morceaux et laissez-les quelques minutes dans l'eau froide, dans laquelle vous jetterez une bonne pincée de gros sel, afin d'en faire sortir les vers s'il y en avait. Ceci fait, mettez cuire à l'eau avec sel et un peu de poivre.

Faites revenir dans du beurre roux un oignon, mouillez-le de bouillon gras et versez dans les choux. Laissez bouillir le tout.

Potage aux choux-fleurs. — Prenez de petits choux-fleurs, épluchez-les, passez-les alors à l'eau bouillante pendant quelques minutes. Ensuite, égouttez-les bien, puis faites-les revenir à la casserole dans du beurre jusqu'à ce qu'ils soient bien roux; mouillez avec du bouillon et salez.

Faites griller quelques minces tranches de pain; jetez-les dans votre potage et laissez cuire quelques minutes encore.

Potage aux concombres. — Prenez quelques concombres que vous pèlerez et couperez en quatre pour en retirer les pepins; puis passez-les quelques minutes à l'eau bouillante. Mettez ensuite dans une casserole un bon morceau de beurre, jetez-y vos concombres et laissez-les revenir un peu. Ajoutez oseille et cerfeuil en petite quantité, et mouillez avec du bouillon gras. Salez. Laissez cuire doucement.

Potage croûte au pot. — Il faut simplement mettre au fond de la soupière des croûtes ou tranches de pain grillées, sur lesquelles on place les légumes du pot-au-feu. On arrose avec un peu du dessus du pot-au-feu; on couvre la soupière, et au moment de se mettre à table on verse le potage par-dessus.

Soupe aux choux. — Mettez dans la quantité

voulue d'eau froide un morceau de lard salé, bien lavé, et un morceau de mouton. Laissez bouillir et écumez. Ajoutez un chou moyen coupé en quatre et bien lavé, quelques pommes de terre, carottes, navets, deux poireaux, une feuille de laurier, une bonne pincée de poivre et un oignon. Laissez cuire doucement pendant 3 heures environ. Enlevez viandes et légumes que vous placerez dans un plat couvert ; et servez le potage avec des tranches de pain grillées.

Soupe aux choux verts. — Après avoir enlevé les grosses côtes de vos choux, coupez-les en morceaux assez petits, mettez-les dans l'eau bouillante avec sel, poivre, un bon morceau de beurre et un oignon, et laissez-les cuire 25 à 30 minutes. Versez la soupe sur le pain grillé, après avoir remplacé l'eau des choux par du bouillon gras.

Potage à la Crecy. — Faites revenir blond, dans un morceau de beurre, un oignon coupé en tranches minces. Jetez-y des carottes, coupées en lames fines ; quelques pommes de terre et navets, un pied de céléri, et quelques blancs de poireaux. (Tous ces légumes coupés également.) Salez, mouillez avec du bouillon, laissez cuire pendant une bonne heure, et versez le potage bien chaud sur des croûtons grillés.

Soupe à la Cussy. — Mettez dans une casserole un morceau de beurre frais ; celui-ci fondu, jetez-y de petits oignons coupés en tranches. Laissez-les revenir bien blonds. Mouillez-les de bouillon, ajoutez quantité voulue de pain, et arrosez de deux petits verres de bonne eau-de-vie, avant de servir.

Soupe au fromage à l'allemande. — Râpez du fromage de Gruyère en quantité suffisante, mettez-le fondre dans du bouillon gras. Passez à la passoire. Ajoutez un peu de beurre et de bonne crême douce ; faites chauffer quelques minutes, et versez sur du pain grillé.

Soupe de haricots blancs au jambon. — Placez dans une marmite, avec quantité d'eau voulue, un morceau de mouton, un morceau de jambon dessalé, et des haricots blancs. Ajoutez persil, thym, laurier, deux oignons, poivre et peu de sel.

Quand le tout est cuit, retirez les viandes et placez-les sur un plat.

Prenez un peu de beurre dans lequel vous ferez revenir un oignon ; mouillez avec un peu de bouillon ; jetez-y vos haricots et votre jambon découpé en petits dés. Laissez mijoter 10 minutes environ. Passez votre morceau de mouton sur le gril, et servez-le sur vos haricots avec un peu de persil haché bien fin.

Trempez sur des tranches de pain grillées votre bouillon de haricots ; vous y trouverez votre potage.

Julienne. — Prenez carottes, navets, poireaux, petits pois, choux, oseille, céléri, pommes de terre, etc,... enfin les sortes de légumes que vous voudrez. Epluchez et lavez à grande eau.

Coupez en tranches minces : les carottes, navets, céléri, etc,... en rondelles les poireaux et pommes de terre.

Faites fondre du beurre dans une casserole ; jetez-y votre oseille après en avoir retiré toutes les côtes ; laissez-la cuire sans roussir et tournez-la souvent. Quand elle sera tout à fait fondue vous y ajouterez vos autres légumes, sauf les pommes de terre que vous ne mettrez qu'une demi-heure avant de servir. Mouillez avec du bon bouillon ; salez et laissez cuire une bonne heure.

Julienne Champenoise. — Au lieu de beurre, mettez dans la casserole du lard fondu ou de bonne graisse. Faites revenir vos légumes de la manière indiquée plus haut.

Julienne au riz. — Ajoutez du riz à vos légumes ; laissez cuire jusqu'à ce qu'il soit crevé ; et procédez comme pour la Julienne en gras.

Julienne au pain. — Même procédé que ci-dessus. Versez votre Julienne sur des croûtons frits dans du beurre, ou sur des tranches de pain.

Julienne aux Marrons. — Mêmes légumes que pour la Julienne ordinaire et préparés de la même manière. Mouillez avec du bon bouillon et assaisonnez. Prenez de beaux marrons de Lyon ; faites-les cuire à moitié dans la cendre, pelez-les et coupez-les en morceaux de la grosseur d'un haricot. Vingt-cinq minutes avant de servir, jetez-les dans votre Julienne ; et terminez en la servant seule ou avec du pain.

Soupe de marrons au porc salé. — Placez dans une marmite un morceau de porc salé ; ajoutez : poivre, laurier, persil et un oignon piqué de deux clous de girofle. Laissez bien cuire, et à petit feu.

Retirez le porc que vous placerez sur un plat. Prenez de beaux marrons ; épluchez-les, et laissez-les réduire en purée. Ajoutez un bon morceau de beurre frais et remuez. Servez la purée, et par-dessus, couchez-y votre morceau de porc. Versez votre bouillon sur des croûtons frits.

Soupe aux navets. — Vos navets pelés, coupez-les par tranches et faites-les cuire à l'eau salée. Une fois cuits, mettez-les dans du bouillon. Agitez avec une cuillère, et, le tout fondu, versez sur le pain grillé.

Soupe à l'oignon. — Epluchez des oignons et coupez-les en tranches très minces. Faites-les revenir blonds dans du beurre. Ajoutez bouillon en quantité suffisante, salez et poivrez. Laissez bouillir une demi-heure. Versez sur le pain grillé ou croûtons.

Potage à l'oignon et au fromage. — Epluchez des oignons et coupez-les en tranches très minces. Laissez-les cuire dans du beurre jusqu'à ce qu'ils soient bien blonds. Mouillez avec bouillon (ou eau). Laissez mijoter une demi-heure. Pendant ce temps, mettez dans la soupière quelques tranches de pain, puis une couche de fromages de Gruyère et de Parmesan râpés ;

puis une couche de pain ; puis une couche de
fromage, et ainsi de suite. Versez par-dessus
votre potage.

Potage printanier. — Faites cuire dans du
bouillon des jeunes carottes, petits pois, oseille,
cerfeuil, pointes d'asperges, etc. Salez et poivrez.
Au moment de servir, les mettre au fond de la
soupière et verser le bouillon par-dessus.

Potage purée pois cassés aux croûtons. — Prenez quantité de pois selon le nombre de personnes ; lavez-les bien, puis égouttez-les. Mettez-les
dans une casserole où vous aurez fait revenir
blond, avec un morceau de beurre gros comme
une noix, un oignon coupé en tranches minces.
Ajoutez quantité d'eau dans la proportion de :
2 litres d'eau pour 1/2 litre de pois, puis salez.
Quand les pois sont cuits, ce qui demande environ deux heures, passez au tamis, ou à la passoire de fer blanc, puis délayez dans la même
casserole avec de l'eau tiède ; ajoutez un peu de
cerfeuil haché et laissez bouillir à petit feu pendant environ dix minutes, en remuant de temps
en temps pour empêcher de brûler. Coupez des
morceaux de mie de pain de la forme et de la
grosseur d'un dé à jouer, faites-les griller dans
la poêle avec un bon morceau de beurre, en
ayant soin d'agiter souvent celle-ci. Servez votre
potage en y jetant vos croûtons.

Potage à la purée de haricots. — Mettez dans
une marmite de l'eau froide et vos haricots.
Faites-les bouillir à grand feu. Lorsqu'ils seront

parfaitement cuits, passez-les en les écrasant ainsi que deux oignons coupés en petits morceaux, et que vous aurez fait roussir à part. Remettez sur le feu, ajoutez bouillon en quantité nécessaire. Salez, remuez souvent, et versez bouillant sur des croûtons frits.

Potage à la purée de pois secs. — Mettez au feu, à l'eau froide, des pois trempés dès la veille; joignez-y : deux oignons roussis au beurre, laurier et thym et une petite branche de céléri. Passez et écrasez. Mouillez avec du bouillon ; laissez bouillir 20 minutes et versez dans la soupière sur des croûtons frits.

Soupe à la purée de légumes frais. — Faites cuire dans de l'eau bouillante : carottes, navets, poireaux, pommes de terre. Ajoutez un oignon. Passez ces légumes en les écrasant et mettez au feu. Ajoutez à cette purée un peu d'oseille fondue au beurre ; salez et ajoutez un peu de bouillon. Versez bouillant sur vos croûtons frits.

Potage purée aux herbes. — Faites roussir dans une casserole un bon morceau de beurre et jetez-y de l'oseille, cerfeuil, poireaux et oignons hachés. Laissez bien étuver les légumes en mouillant avec un peu d'eau. Passez-les, allongez le potage avec du bouillon ; laissez cuire vingt minutes et versez. On peut ajouter quelques pommes de terre que l'on passe également avec les autres légumes.

Potage Parmentier. — Mettez dans une cas-

serole avec un bon morceau de beurre des
pommes de terre coupées en morceaux. Ajoutez une poignée de cresson, un oignon et un
blanc de poireau. Mouillez d'eau et laissez cuire
en purée. Passez, puis délayez avec du bouillon.
Versez le potage sur des croûtons frits au
beurre.

Potage au riz. — Prenez du riz ; lavez-le
à l'eau tiède deux ou trois fois en le frottant
dans les mains. Jetez-le dans un peu de bouillon,
et laissez cuire à petit feu pendant vingt minutes environ. Ajoutez quantité nécessaire de
bouillon et laissez aller doucement pendant une
demi-heure. On prend de 45 à 50 grammes de
riz par litre de bouillon.

Potage à la Semoule. — Mettez du bouillon
dans la casserole en quantité voulue ; jetez-y
votre semoule dans la proportion d'une bonne
cuillerée à café par personne. Laissez bouillir
sans discontinuer pendant une demi-heure.

Potage de santé. — Faites fondre dans un bon
morceau de beurre, de l'oseille et du cerfeuil,
mouillez avec du consommé et salez. Délayez
dans la soupière deux jaunes d'œufs, et par-
dessus versez le potage.

Potage au tapioca. — Faites bouillir du bouillon dans lequel vous jetterez votre tapioca, dans
la proportion d'une cuillerée à bouche par litre
de bouillon. Remuez souvent. Laissez cuire
pendant environ un quart-d'heure.

Potage-tortue. — Le potage-tortue s'achète aujourd'hui tout préparé, en boîtes d'importation anglaise. Placez sur le feu un vase contenant de l'eau bouillante, et dans celui-ci mettez, fermée, la boîte renfermant le potage. Celui-ci bien chaud, ouvrez la boîte, versez le potage dans la soupière en y ajoutant du fort bouillon, et un bon verre de madère.

Ox-tail soupe. — Se prépare comme le potage-tortue à l'exception du madère.

Extrait de viande, procédé Liebig. — Mettez dans l'eau : carottes, navets, poireaux, laurier, thym, un oignon et une livre d'os. Salez et laissez bien bouillir. Au moment de servir, ajoutez une cuillerée à café d'extrait de viande, par assiette de potage. Vous obtiendrez ainsi un bon bouillon.

Potage au vermicelle. — Quand le bouillon bout très fort, jetez-y votre vermicelle après l'avoir brisé. Laissez cuire vingt minutes.

Potage à la purée de gibier ou de volaille. — Pilez avec de la mie de pain les chairs que vous retirerez de vos débris de gibier ou de volaille. Délayez avec de bon bouillon, passez au tamis, et laissez cuire doucement. Mettez de fines tranches de pain dans la soupière, trempez-les avec le bouillon, et par-dessus tout jetez quelques petits croûtons de pain grillés.

POTAGES MAIGRES.

Potage aux asperges. — Faites cuire vos asperges à l'eau. Passez au beurre un ou plusieurs oignons coupés en morceaux. Mouillez avec l'eau des asperges ; salez et versez sur du pain grillé après avoir laissé cuire à petit feu pendant une bonne demi-heure.

Potage aux cerises. — Prenez de bonnes cerises bien mûres, faites-les cuire dans l'eau en y ajoutant du sucre et un peu de vanille. Faites frire quelques croûtons dans du beurre bien frais, mettez-les au fond de la soupière, et par-dessus versez votre potage bien chaud.

Potage à la chicorée. — Mettez dans une casserole un bon morceau de beurre, jetez-y vos chicorées bien lavées et coupées en filets. Faites-leur faire quelques tours sur un bon feu ; mouillez avec de l'eau, salez et poivrez. Laissez bouillir une heure environ.

On peut y ajouter des jaunes d'œufs.

Potage à la Condé. — Prenez des haricots rouges, faites-les cuire avec du sel et deux ou trois oignons. Passez le tout en écrasant bien ; mouillez avec le bouillon de la cuisson. Remettez au feu en ajoutant du beurre, laissez bien chauffer, et versez sur des croûtons grillés.

Soupe aux choux. — Mettez de l'eau dans une casserole et quand elle sera bien bouillante, ajoutez-y des pommes de terre, un chou moyen, quelques carottes, navets et poireaux, le tout grossièrement coupé. Salez bien. Laissez cuire doucement au moins trois heures ; ajoutez un morceau de beurre, et servez avec quelques parties des légumes. On peut ainsi passer ce potage au tamis et le servir avec des croûtons.

Potage au céléri. — Epluchez, lavez, et coupez par petits morceaux du céléri rave en assez grande quantité.

Mettez cuire avec de l'eau, sel, poivre et un peu de muscade. Ajoutez quelques pommes de terre. Passez à la passoire en écrasant bien, remettez au feu, et versez le potage bien chaud sur vos croûtons ou votre pain grillé.

Potage aux herbes. — Prenez de l'oseille, pourpier, cerfeuil, laitues, etc. Lavez bien ; puis hachez bien fin.

Mettez dans une casserole un bon morceau de beurre, jetez-y vos légumes que vous laisserez cuire doucement en les tournant avec une cuillère en bois. Ajoutez l'eau nécessaire. Au moment de servir, liez le potage avec un jaune d'œuf, et versez sur de fines tranches de pain.

Potage aux herbes et aux petits pois. — Mettez dans une casserole un bon morceau de beurre, jetez-y une poignée d'oseille bien lavée, puis, quand elle sera tout à fait fondue, ajoutez l'eau nécessaire à votre potage. Faites revenir dans une autre casserole quelques laitues hachées ;

joignez-y un oignon, carotte et navet hachés
également.

Ajoutez, avec un litre de pois verts, le contenu
de la 2me casserole dans la première. Ajoutez
ensuite le pain nécessaire, et laissez bouillir le
tout une dizaine de minutes après avoir salé et
poivré.

Soupe aux haricots. — Mettez cuire vos haricots à l'eau froide et passez-les. Mouillez avec
le bouillon de leur cuisson. Ajoutez sel et
beurre et servez le potage avec des croûtons
grillés.

Soupe aux haricots et à l'oseille. — Ecossez
des haricots, et mettez-les à l'eau bouillante.
Laissez-les cuire. Dans une casserole à part,
mettez un bon morceau de beurre, et passez-y
votre oseille, que vous mouillerez avec le bouillon de vos haricots. Salez et versez ce bouillon
sur le pain. Ajoutez un jaune d'œuf si vous le
voulez.

Les haricots, préparés comme nous disons
plus loin, seront servis comme plat de légumes.

Julienne Languedocienne. — Mettez cuire à
petit feu, pendant deux heures environ,
dans du bouillon de poisson : du céléri, oseille,
carottes, navets, etc,... que vous aurez fait passer au beurre. Salez, ajoutez feuille de laurier et
un petit oignon. Versez le potage sur des croûtons frits.

Julienne jardinière. — Prenez les mêmes
légumes que pour la Julienne au gras ; après les

avoir bien lavés, coupez-les en dés, mettez-les
environ dix minutes à l'eau bouillante ; retirez-
les et jetez-les dans du bon bouillon gras.

Salez et trempez comme Julienne au pain.

Soupe Julienne. — Prenez carottes, navets,
céléri et poireaux. Coupez ces légumes en petits
morceaux après les avoir lavés. Mettez dans une
casserole un bon morceau de beurre, jetez-y vos
légumes en ajoutant de l'eau petit à petit. Les
légumes à moitié cuits, ajoutez un petit chou
vert coupé, une poignée d'oseille et un peu de
cerfeuil hachés.

Salez, et laissez cuire le tout ensemble pendant une bonne heure. Mouillez avec de l'eau
dans laquelle auront été cuits des haricots
blancs, et versez la soupe sur des croûtons
grillés.

Soupe au lait. — Mettez dans une marmite
avec quelques grains de sel, de bon lait, bien
frais. Sitôt bouillant, versez-le sur vos tranches
de pain. Laissez bien tremper et ajoutez si vous
voulez quelques morceaux de sucre blanc après
avoir retiré du feu.

Soupe au lait liée. — Votre lait bouilli et salé
comme ci-dessus, liez-le de deux ou trois jaunes d'œufs ; remettez sur feu doux, et remuez
avec une cuillère en bois, jusqu'à ce que votre
soupe épaississe ; au moment où elle sera prête
à bouillir, versez-la sur votre pain.

Potage aux poireaux. — Prenez quelques poi-

reaux que vous couperez en petits morceaux
après les avoir bien lavés.

Faites-les roussir dans un bon morceau de
beurre. Salez, poivrez et ajoutez une feuille de
laurier. Ajoutez la quantité d'eau nécessaire ;
laissez bouillir doucement et versez sur du pain
grillé. On peut également y ajouter quelques
pommes de terre coupées en morceaux une
demi-heure avant de servir.

Potage aux navets au lait. — Mettez dans une
casserole avec de l'eau et du sel quelques
navets. Laissez-les cuire, puis ajoutez la même
quantité de lait que vous aurez d'eau.

Ajoutez le pain nécessaire et versez le potage.

Soupe à l'oignon. — Faites fondre du beurre
dans une casserole, jetez-y vos oignons coupés
en petits morceaux et laissez-les roussir à moitié. Ajoutez quantité d'eau nécessaire. Laissez
bouillir doucement. Mettez une assez grande
quantité de bon pain dans votre soupière ; salez
et poivrez-le bien. Versez la soupe dessus et
laissez bien mijoter avant de la manger.

Soupe à l'oseille. — Mettez dans une casserole
avec un bon morceau de beurre, votre oseille
bien lavée et épluchée. Mouillez avec de l'eau
et salez.

Après une courte cuisson retirez du feu et
ajoutez une liaison de jaunes d'œufs. Vous versez ensuite la soupe sur le pain disposé, à
l'avance, dans la soupière.

Soupe aux œufs et au lait. — Lorsque votre
lait aura bouilli, sucrez-le. Battez des jaunes
d'œufs, et, en tournant, versez votre lait bouillant dessus. Mettez du pain dans la soupière, et versez la soupe dessus. Laissez bien
tremper.

Potage paysanne. — Mettez un bon morceau
de beurre dans une casserole et jetez-y :
oignons, poireaux, chou et pommes de terre
coupés en petits morceaux. Mouillez avec quantité voulue d'eau.

Salez, poivrez et ajoutez une feuille de laurier.
Laissez cuire doucement pendant deux heures
environ et versez le potage sur de fines tranches
de pain.

Potage purée de pommes de terre. — Mettez
cuire des pommes de terre à l'eau. Retirez-les,
et pelez-les. Passez au tamis en mouillant d'eau
tiède. Mettez la purée dans une casserole avec
un bon morceau de beurre bien frais, ajoutez sel
et poivre, lait en quantité suffisante; laissez
bouillir un peu, et versez le potage sur des
croûtons frits.

Potage au poisson. — Mettez dans une casserole avec de l'eau en quantité suffisante : un
morceau d'anguille de mer, deux merlans, un
carrelet, voire même quelques poissons de
rivière. Ajoutez persil, laurier, un oignon piqué
de deux clous de girofle, une gousse d'ail,
carotte et céléri. Salez et poivrez. Laissez bouil-

lir doucement une demi-heure, passez au tamis, et versez sur du pain grillé.

Panade. — Mettez dans une marmite de l'eau froide, du sel, du poivre, et du beurre. Jetez-y du pain coupé en morceaux. Laissez bouillir doucement vingt-cinq minutes. Mettez au fond de la soupière un bon morceau de beurre frais, un ou deux jaunes d'œufs. Versez la panade par-dessus en tournant.

Soupe aux pois verts et à l'oseille. — Dans une casserole mettez un morceau de beurre dans lequel vous ferez revenir votre oseille. Mouillez avec de l'eau, jetez-y vos pois fraîchement écossés, laissez-les cuire à petits bouillons, salez et versez sur le pain.

Potage au riz au lait. — Lavez bien votre riz en le frottant dans les mains et jusqu'à ce que l'eau reste claire. Mettez-le dans une casserole avec un peu d'eau, et après quelques bouillons ajoutez votre lait. Joignez un peu de sel, et laissez cuire doucement en ayant soin de remuer de temps en temps. Sucrez. La cuisson dure environ deux heures.

Un peu de cannelle en bâton ou de vanille parfume agréablement le riz.

Potage à la Semoule. — Versez légèrement, et par petite quantité à la fois, de la bonne semoule, dans de l'eau bouillante. Salez, et laissez cuire une demi-heure en ayant soin de remuer continuellement. Versez le potage dans la soupière, et par-dessus, un bon morceau de beurre fondu.

Remuez bien avant de servir. On emploie ordinairement une bonne cuillerée à bouche de semoule par personne.

Potage à la Semoule au lait. — Traitez-le comme le potage ci-dessus en remplaçant l'eau par le lait. Mettez-y très peu de sel, pas de beurre et un peu de sucre.

Soupe au potiron. — Coupez une forte tranche de potiron en petits morceaux, après avoir ôté les pepins. Jetez votre potiron à l'eau bouillante et écrasez-le quand il sera cuit. Ajoutez beurre et sel, et versez sur de fines tranches de pain.

Potage au vermicelle au lait. — Faites bouillir du lait bien frais, jetez-y votre vermicelle que vous briserez. Laissez cuire environ vingt minutes, et ajoutez avant de servir quelques grains de sel.

Certaines personnes aiment ce potage sucré.

Potage au vermicelle à l'eau et à l'oignon. — Préparez une soupe à l'oignon ; lorsqu'elle sera en ébullition ajoutez-y votre vermicelle, laissez cuire pendant dix minutes et versez le potage.

Potage au vermicelle à l'eau et au beurre. — Salez de l'eau bouillante, mettez-y du vermicelle que vous laisserez cuire. Ajoutez un morceau de beurre, liez d'un jaune d'œuf et versez.

Soupe au vin. — Laissez bouillir dans une casserole de l'eau, du sucre et de la cannelle. Joignez-y la quantité de vin nécessaire ; (elle doit être à peu près égale à celle de l'eau). Ne laissez pas bouillir, mais versez très chaud sur des tranches de pain grillé.

II. — HORS-D'ŒUVRE

Les mets qui ornent la table jusqu'au moment où l'on sert le rôti, et qui se mangent de suite après le potage, s'appellent hors-d'œuvre. Ils se divisent en hors-d'œuvre froids et hors-d'œuvre chauds.

HORS-D'ŒUVRE FROIDS

Radis, beurre, sardines, olives, fruits et légumes marinés, harengs salés et fumés, saucissons en tranches, cervelas fumés, crevettes, huîtres marinées, petits artichauts crus à l'huile et à la poivrade, etc...

Salade d'anchois. — Prenez des filets d'anchois, après les avoir bien lavés, ouvrez-les en deux pour en ôter l'arête, disposez-les avec goût sur un plat à hors-d'œuvre. Hachez très menu des blancs et des jaunes d'œufs durs, un peu de persil et cerfeuil. Semez ce hachis

entre vos anchois en alternant vos couleurs ;
blanc, jaune, vert, etc... afin d'arriver à former
un ensemble élégant. Avant de servir, arrosez
d'une bonne cuillerée d'huile d'olive et d'un peu
de vinaigre.

Huîtres marinees. — L'huître se mange nature, lorsqu'elle est fraîche, et à dire vrai, nous
ne la comprenons pas autrement. Si pourtant
vous êtes obligé de vous servir d'huîtres de
conserve, voici la manière de les faire accepter.
Prenez des échalottes hachées fin. Ajoutez
huile, vinaigre, poivre, sel, et des jaunes d'œufs
durs écrasés. Lavez bien vos huîtres, et servez-
les sur cette sauce.

HORS-D'ŒUVRE CHAUDS.

Coquille Saint-Jacques. — Retirez vos huîtres
de leurs coquilles, passez-les une seule fois dans
leur eau, et mettez-les égoutter. Hachez des
champignons, persil et ciboule ; faites revenir
dans du beurre bien frais ; ajoutez un peu de
farine, délayez avec du bouillon ou un peu de
vin blanc et poivrez. Laissez bouillir le tout,
puis mettez vos huîtres dans cette sauce pendant quelques minutes, en évitant de laisser
bouillir de nouveau.

Placez dans chaque coquille en argent ou
dans les grands coquillages dont on se sert à
cet usage, quelques huîtres, entières si elles sont
petites, hachées si ce sont des *pieds de cheval,*

et de la sauce. Couvrez de chapelure l'ouverture de chaque coquille.

Au moment de servir, posez ces coquilles sur le gril, à feu très doux, et promenez au-dessus une pelle rouge.

Escargots. — Les escargots se nourrissant parfois d'herbes malfaisantes, il est donc prudent, afin d'éviter un empoisonnement, de leur faire subir un jeûne de cinq à six semaines avant de les manger. On y arrive, en les enfermant dans un vase quelconque. que l'on place dans un endroit frais.

Ceci dit, mettez dans une chaudière d'eau bouillante une poignée de sel et de cendres, et jetez-y vos escargots tout vivants. Au bout d'un quart-d'heure, retirez-les de l'eau, puis de leur coquille, au moyen d'une petite brochette en fer. Jetez-les dans de l'eau tiède qui doit être renouvelée plusieurs fois. Lavez aussi très bien les coquilles.

Hachez fin : champignons, persil, ail, ciboule, échalottes, et pétrissez le tout avec du beurre frais ; en ayant soin d'ajouter du sel et du poivre. Remettez alors vos escargots dans leur coquille, et achevez de les remplir avec votre pâte. Ceci fait, placez vos escargots sur une tourtière ou un plat. Faites cuire dans un four très chaud et servez bouillant.

Petits pâtés chauds. — Prenez autant de beurre que de farine. Maniez celle-ci avec de l'eau et du sel ; ajoutez le beurre, et remaniez

le tout. Lorsque vous aurez obtenu une pâte
assez molle, étendez-la sur la table avec un
rouleau, puis formez-en une boule que vous rou-
lerez de nouveau. Dans cette pâte roulée,
découpez autant de ronds que vous voudrez
faire de petits pâtés ; ce qui se fait du reste
facilement en appuyant sur la pâte le bord
d'un verre à boire. Prenez de la volaille hachée
et cuite, ou du hachis de veau ou de viande
quelconque. Placez ce hachis au milieu de l'un
des ronds, recouvrez d'un autre rond et joignez les bords en les mouillant et les pinçant.

Dorez, en mouillant le dessus de votre pâté
avec un pinceau trempé dans un jaune d'œuf,
et mettez au four.

Bouchées à la reine. — Faites faire par le
pâtissier les croûtes des bouchées à la reine.
Prenez : filet de volaille cuit, un peu de jambon, langue, truffes, et champignons ; coupez le
tout en petits dés, faites chauffer dans une
sauce suprême (voir ce mot), et garnissez-en vos
bouchées.

Croquettes de volaille. — Faites fondre un
bon morceau de beurre dans la casserole ; joignez-y un peu de farine, tournez sans laisser
roussir, ajoutez sel, poivre, persil haché, et
mouillez avec un peu de bouillon. Laissez bien
épaissir cette sauce, puis jetez-y des filets de
volaille cuits, truffes et champignons, coupés
en morceaux. Laissez refroidir et faites-en des
boulettes aplaties dites croquettes que vous

panerez; trempez-les alors dans de l'œuf, jaune et blanc, repanez de nouveau et faites frire. Servez avec persil frit.

Vol-au-vent de volaille. — Prenez des morceaux choisis de volaille; ou des ris de veau, filets d'agneau, tronçons d'anguilles, mauviettes et autres oiseaux; ou si vous voulez une fricassée de poulet. (Voyez fricassée de poulet.) Garnissez-en la croûte de votre vol-au-vent, en ayant soin de mettre au-dessus les morceaux les plus attrayants. Ajoutez, si la fantaisie vous en prend, des écrevisses; et versez sans couvrir les morceaux une sauce blanche.

Vol-au-vent de ris-de-veau. — Coupez en morceaux d'un centimètre d'épaisseur environ des ris-de-veau bien blanchis à l'eau bouillante. Mettez dans la casserole un bon morceau de beurre bien frais. Jetez-y vos ris-de-veau, et laissez cuire sans laisser prendre trop de couleur. A part, faites revenir des champignons, joignez-les à vos ris-de-veau, ajoutez-y une sauce blanche (voir ce mot); garnissez le vol-au-vent et servez.

Vol-au-vent de cervelles. — Préparez un bouillon aromatisé de thym, laurier, girofle, persil, céleri, sel et poivre. Jetez-y vos cervelles coupées par tranches, et laissez cuire une demi-heure. Couvrez-les d'une sauce hollandaise, (voir les sauces au chapitre suivant), et placez le tout dans la croûte du vol-au-vent. Servez comme les précédents.

Vol-au-vent de saumon. — Faites cuire votre saumon, et découpez-le en tranches minces. Préparez une sauce blanche.

Dans le fond du vol-au-vent mettez un lit de saumon, par-dessus, un peu de sauce. Continuez ainsi jusqu'à ce que la croûte soit garnie, couvrez le vol-au-vent, garnissez l'extérieur, si vous le jugez utile, d'écrevisses.

Vol-au-vent de turbot. — Même procédé que pour le vol-au-vent de saumon.

Vol-au-vent de filets de soles. — Prenez du beurre bien frais, un peu de vin blanc. Mettez le tout dans un plat. Ajoutez-y vos filets de soles auxquels vous aurez donné une forme appétissante, et que vous plierez en deux en les aplatissant légèrement. Assaisonnez et laissez cuire quelques minutes seulement. Faites avec les arêtes un bouillon de poisson bien aromatisé que vous lierez ensuite avec un jaune d'œuf.

Ajoutez aux filets de soles des champignons coupés en morceaux et sautés au beurre. Mettez le tout dans la sauce. Chauffez en évitant de bouillir et garnissez le vol-au-vent.

Vol-au-vent d'anguille. — Après avoir mis dans du bon vin blanc les aromates nécessaires, faites-y cuire votre anguille un bon quart-d'heure, après l'avoir découpée en morceaux; servez-vous du jus de la cuisson pour préparer la même sauce que pour les filets de soles;

vous terminerez comme pour les autres vol-au-vent.

Vol-au-vent de morue. — Faites dessaler votre morue pendant au moins deux jours avant de vous en servir. Mettez-la sur le feu à l'eau froide ; écumez, et retirez au premier bouillon, afin qu'elle ne durcisse pas. Coupez votre morue en petits filets, trempez-la bien dans une sauce blanche, que vous aurez préparée d'avance, et garnissez le vol-au-vent. Dressez comme les autres vol-au-vent.

III. — ÉPICES ET SAUCES

ÉPICES. — MARINADES

Vinaigre aromatisé. — Prenez une bouteille d'un litre ; mettez-y six échalotes, quelques branches d'estragon, un peu de pimprenelle, cerfeuil, et une bonne pincée de poivre en grain. Remplissez de vinaigre. Après quelques jours, ce vinaigre est très bon pour les mayonnaises et les remoulades.

Essence de champignons. — Au fond d'un pot de terre vernissé, établissez un lit de 4 à 5 centimètres d'épaisseur de champignons de couche coupés en morceaux ; saupoudrez-les de sel blanc. Par-dessus, un nouveau lit de champignons et une nouvelle couche de sel, et ainsi de suite.

Laissez 4 ou 5 heures en repos, puis remuez en écrasant autant que possible avec une cuillère en bois. Répétez cette opération pendant deux jours, puis ajoutez autant de fois 15 grammes de poivre noir qu'il y aura de litres de champignons. Fermez bien votre pot avec son couvercle, et placez-le au bain-marie, où vous le tiendrez deux heures dans une légère ébullition. Passez ensuite le contenu du pot au tamis, donnez un bouillon au jus obtenu, laissez reposer 24 heures, passez-le de nouveau pour l'avoir bien clair, et renfermez-le dans des bouteilles ; ajoutez des épices fines et un petit verre de bonne eau-de-vie. Bouchez fortement. Cette préparation peut se conserver très longtemps.

Epices ou quatre épices. — Pilez séparément par égale portion : poivre, laurier ou muscade, cannelle ou gingembre ; ajoutez des clous de girofle, 1/3 à peu près de ce que vous mettrez des autres épices. Pilez séparément. Réunissez le tout ; passez-le au tamis, et mettez la poudre dans une bouteille fermée hermétiquement.

Thym et laurier en poudre. — Faites sécher ces plantes, écrasez-les bien et passez-les au tamis. Servez-vous d'une pincée de cette poudre pour les sauces que vous ne passez pas.

Marinade simple. — Prenez un vase, et mettez-y : vinaigre 2/3, eau 1/3, une gousse d'ail, un gros oignon haché, persil, laurier, sel et poivre. On complique la marinade en y ajoutant de l'huile, du thym, du citron et des fines herbes.

Marinade au vin blanc. — Mettez dans un vase partie égale de vinaigre, vin blanc et bouillon. Ajoutez-y un verre de rhum ou d'eau-de-vie, sel, poivre, laurier, thym, carotte et oignon coupés en tranches.

SAUCES

Sauce à l'anglaise. — Prenez un anchois, hachez-le très menu ainsi que des jaunes d'œufs durs, suivant la quantité de sauce que vous voulez avoir. Mettez le tout dans une casserole, et mouillez d'un verre de bouillon. Ajoutez un morceau de beurre de la grosseur d'une grosse noix, manié d'un peu de farine. Salez et poivrez. Laissez bien chauffer, liez en tournant et versez. On peut ajouter quelques câpres.

Sauce Béchamel. — Prenez des échalotes, du persil, de petits oignons et hachez le tout très fin.

Mettez ensuite un morceau de beurre frais dans une casserole ; laissez fondre, jetez-y votre hachis, laissez revenir, mouillez avec du lait, faites réduire à moitié par une lente ébullition, ajoutez du sel et passez au tamis dans une autre casserole. Ajoutez alors un morceau de beurre manié de farine, un peu de muscade, remettez sur le feu et tournez jusqu'à ce que la sauce soit bien liée.

Sauce à la crême. — Mouillez avec du lait un peu de farine délayée dans un bon morceau de beurre frais. Donnez un léger bouillon, et avant de servir ajoutez un peu de noix de muscade râpée. Cette sauce est le véritable assaisonnement des asperges, des artichauts, des choux-fleurs et des salsifis.

Sauce blanche. —. Délayer avec soin dans une casserole de la farine avec un peu d'eau froide, placer la casserole sur le feu et tout en remuant le mélange avec une cuiller de bois, ajouter de l'eau en pleine ébullition en la versant modérément, mais sans discontinuer; la sauce épaissira de suite. Laisser un instant cuire la farine, puis saler et poivrer la sauce, et y incorporer, toujours en la remuant, un morceau de beurre frais.

Si la sauce vient à tourner, il suffit pour la remettre d'y jeter un peu d'eau fraîche et de l'y mélanger vivement.

Au moment de servir, retirer la casserole du feu, lier la sauce avec des jaunes d'œufs, accompagnés d'un filet de vinaigre, de verjus ou de citron et ne plus la laisser bouillir.

Une sauce blanche est d'autant plus fine qu'il y entre moins de farine et plus de beurre et de jaunes d'œufs.

La noix muscade râpée fait bien dans la sauce blanche.

Sauce blonde. — Elle se fait exactement comme la sauce blanche, on remplace seulement le lait par du bouillon. On s'en sert pour les vol-au-vent.

Sauce au beurre noir. — Faites chauffer du beurre dans une poêle jusqu'à ce qu'il noircisse ; jetez-y du persil en branches, et laissez-le frire quelques minutes, versez sur le plat auquel votre sauce est destinée.

Salez, poivrez, ajoutez un peu de vinaigre que vous aurez fait chauffer à la poêle.

Sauce Châteaubriand. — Prenez une même quantité de gelée de viande et de beurre, une poignée de persil haché. Faites chauffer le tout sans bouillir. Joignez-y la moitié d'un jus de citron, un peu de muscade. Cette sauce convient aux viandes brunes grillées.

Sauce capilotade pour desserte de poulet et autres viandes froides rôties. — Passez au beurre des champignons et un peu de lard coupé en dés ; ajoutez un peu de farine, remuez, et mouillez avec du bouillon. Ajoutez thym, laurier et un oignon que vous retirerez avant de servir. Salez et poivrez. Au bout d'une demi-heure de cuisson, jetez-y votre viande coupée en morceaux, laissez chauffer sans bouillir. Liez avec un jaune d'œuf, un jus de citron ou un filet de vinaigre.

Sauce au Kari à l'Indienne. — Prenez du beurre gros comme un œuf, faites-le fondre. Ajoutez-y 1/2 cuillerée de poivre Kari ; laissez chauffer jusqu'à ce que ce soit presque roux,

Ceci fait, mouillez de bon bouillon. Laissez réduire. Tenez la sauce chaude au bain-marie, et avant de la servir, ajoutez-y un bon morceau de beurre frais et liez en tournant sur le feu.

Sauce hollandaise. — Mettez du bon beurre frais dans une assiette, 2 jaunes d'œufs frais, du sel et un peu de vinaigre. Battez légèrement le tout avec une fourchette.

Faites chauffer au bain-marie jusqu'à consistance épaisse, ajoutez au besoin un jus de citron au moment de servir.

Sauce aux harengs. — Mettez dans une casserole un bon morceau de beurre frais, et une pincée de farine. Assaisonnez de sel, poivre et muscade. Mouillez d'un peu d'eau ou de bouillon, tournez jusqu'à ce que la sauce ait pris consistance. Y ajouter force moutarde et un peu de vinaigre.

Sauce aux groseilles vertes. — Jetez dans l'eau salée, pour faire blanchir, un demi-litre de groseilles vertes, préalablement épluchées et épépinées.

Mettez dans une casserole du beurre et un peu de farine, mouillez avec de la crème en quantité nécessaire, ajoutez les groseilles, sel, poivre et un peu de noix de muscade râpée, laissez jeter un bouillon ou deux et servez.

Sauce à la maître-d'hôtel. — Faire fondre dans une casserole, un bon morceau de beurre; y ajouter persil et ciboule hachés, sel et poivre. Mouiller d'un peu d'eau, ajouter un filet de vinaigre ou un peu de jus de citron.

Sauce princesse. — Cette sauce s'obtient en mettant 5 parties de sauce blanche, une partie de sauce maître-d'hôtel, et en les réunissant.

Sauce mayonnaise. — Mettez dans un vase quelques jaunes d'œufs frais, sel, poivre et un peu de vinaigre. Tournez en ajoutant un peu d'huile, goutte à goutte, jusqu'à ce que la sauce, bien liée, ait pris l'apparence d'une crême.

On peut ajouter à cette sauce suivant les goûts : ciboule, persil, estragon, le tout haché menu.

Sauce à la d'Orléans. — Mettez dans la casserole un bon morceau de beurre, 3 ou 4 cuillerées de vinaigre, poivre, échalotes hachées ; faites réduire, et ajoutez un roux foncé préparé à cet effet. Coupez ensuite en très petits dés quelques cornichons, une petite carotte cuite, et 2 ou 3 blancs d'œufs durs; des filets d'anchois, ceux-ci en très petits morceaux ; des câpres. Ajoutez le tout à votre sauce et faites-la chauffer quelques minutes.

Sauce piquante. — Faites fondre dans une casserole un bon morceau de beurre, ajoutez : sel et poivre, bouquet garni et un oignon coupé en tranches. Le tout bien revenu, ajoutez un peu de farine et deux cuillerées à bouche de vinaigre.

Faites bouillir à petit feu pendant un quart d'heure, passez au tamis, et ajoutez une pincée de poivre et quelques cornichons hachés.

Sauce poivrade. — Mettez dans une casserole du vinaigre et du bouillon ; ajoutez poivre, bouquet garni et tranches d'oignon. Faites bouillir, puis passez au tamis.

Sauce provençale. — Hachez champignons et échalotes, versez dans une casserole 2 ou 3 cuillerées d'huile d'olive. Ajoutez 2 gousses d'ail, joignez un peu de farine, et mouillez de bouillon et d'un verre de vin blanc. Joignez bouquet garni, sel, poivre et ciboules, faites bouillir ½ heure. En servant, ôtez l'ail et le bouquet garni.

Sauce au pauvre homme. — Mettez dans la casserole un peu de bouillon ou d'eau, une cuillerée de vinaigre, sel et poivre.

Joignez 5 ou 6 échalotes hachées et du persil ; faites bouillir jusqu'à cuisson des échalotes. Passez avant de servir.

Roux. — Après avoir mis du beurre dans une casserole, faites-le fondre à feu vif. Ajoutez de la farine, remuez vivement afin de bien mélanger et aussi pour que votre roux ne brûle pas. Quand il aura pris une belle couleur, jetez-y votre viande en la tournant de temps en temps, et ajoutez, si cela vous paraît nécessaire, un peu de bouillon.

N.-B. — On fait un roux blond en le mouillant d'eau ou de bouillon avant qu'il ait pris une teinte trop foncée.

Sauce à la moutarde. — Hachez quelques oignons, passez-les au beurre et joignez une cuillerée de farine, remuez vivement, laissez prendre une couleur un peu foncée, ajoutez sel et poivre et mouillez soit avec de l'eau, soit avec moitié bouillon, moitié vin blanc.

Laissez bouillir doucement une vingtaine de minutes. Au moment de servir, ajoutez un filet de vinaigre et une cuillerée de moutarde.

Sauce ravigotte. — Mettez dans une casserole un verre de vin blanc et du bouillon, faites réduire, puis ajoutez : cerfeuil, pimprenelle, estragon, persil, petits oignons, le tout haché, un peu de jus de citron, sel et poivre. Joignez un morceau de beurre manié de farine ; remuez bien. Laissez chauffer la sauce sans bouillir.

Sauce rémoulade. — Prenez deux jaunes d'œufs durcis et pilez dans un mortier. Ajoutez : persil, ciboule, cerfeuil, estragon, pimprenelle et oignons ; le tout haché menu. Joignez sel, poivre, muscade râpée, une cuillerée de moutarde, une quantité suffisante d'huile d'olive, un peu de vinaigre, quelques grains de poivre de Cayenne. Battez longtemps cette sauce afin qu'elle soit bien liée.

Sauce chasseur. — Faites fondre dans une casserole un bon morceau de beurre frais avec de la farine, remuez vivement pour faire un roux.

Ajoutez des échalotes hachées fin, ou des petits oignons hachés également. Emiettez un peu de pain par-dessus. Ajoutez : 1/2 verre de bouillon, 1/2 verre de vin blanc ou rouge et un peu de muscade. Faites bouillir 15 à 20 minutes. Ajoutez : thym, persil, laurier, ciboule, etc. Salez et poivrez. Passez la sauce et ajoutez un jus de citron ou un filet de vinaigre avant de servir.

Sauce tomate. — Coupez en morceaux de belles tomates, mettez-les au feu avec un peu de sel et laissez bouillir une dizaine de minutes. Passez-les en les pressant fortement avec une cuiller en bois.

Remettez au feu pendant une heure avec un bouquet garni, que vous retirerez avant de servir, ajoutez un bon morceau de beurre frais et du poivre.

Sauce tartare. — Mettez dans un bol : échalotes, estragon et cerfeuil, le tout haché menu; puis un jaune d'œuf cru, sel, poivre, moutarde et un filet de vinaigre. Délayez le tout en versant peu à peu de bonne huile d'olive. Eclaircir avec un peu de vinaigre s'il est nécessaire.

Sauce à la Sauge. — Hachez très fin quelques oignons et quelques feuilles de sauge vertes. Mettez bouillir le tout pendant dix minutes dans un peu d'eau. Salez et poivrez, mêlez bien. Ajoutez un peu de mie de pain et de bouillon, mêlez de nouveau, et laissez bouillir 10 minutes encore avant de servir.

Sauce champenoise. — Faites fondre dans une casserole un morceau de beurre manié de farine, ajoutez peu à peu de la crême, puis ciboule, laurier, un bouquet de persil et quelques champignons. Salez et poivrez. Faites bouillir jusqu'à ce que la sauce soit réduite de moitié. Passez, remettez sur le feu, ajoutez un peu de persil haché.

Sauce Toulonaise. — Versez dans une casserole une cuillerée d'huile d'olive, une tasse de bouillon, une bouteille de vin blanc. Faites bouillir jusqu'à ce que le mélange soit réduit de moitié. Hachez menu une gousse d'ail, deux échalotes, ciboules, cerfeuil, estragon. Mettez dans la sauce avec sel et poivre. Faites jeter encore un bouillon à feu vif et servez. On peut remplacer l'huile par un morceau de beurre de la gros seur d'un œuf de pigeon.

IV. — LE BŒUF

(Pour le choix des morceaux de viande, voir dans l'*Économie du ménage*, que nous venons de publier, le chapitre : la manière de faire sa boucherie).

Bœuf nature. — On dresse sur un plat la viande du pot-au-feu, accompagnée des légumes

qui ont servi à la cuisson, de quelques pommes
de terre cuites à l'eau ou dans du bouillon.

Le bœuf se mange aussi avec une sauce tomates.

Pour les diverses manières d'apprêter le bœuf
bouilli, voir, à la fin de ce volume, l'art d'accommoder les restes.

Aloyau rôti. — Ficelez la pièce de viande
sans en tirer les os.

Faites-la rôtir au four bien chaud pendant
un temps proportionné à la grosseur du morceau. S'il est un peu gras, on le met au four tel
quel, après l'avoir assaisonné de poivre et sel.
Si la viande est maigre, ajoutez quelques petits
morceaux de beurre. Retournez souvent et arrosez avec le jus de la viande.

Beef-steaks. — On se sert de préférence pour
faire les beefsteaks de filet ou de contre-filet.
Coupez-le en tranches de 4 à 5 centimètres
d'épaisseur, aplatissez-les et saupoudrez de sel
et poivre. Mettez-les sur le gril à feu vif. Retournez-les souvent. Servez-les sur un plat légèrement chauffé, en ayant soin de mettre sous
chaque beef-steak gros comme une noix de bon
beurre manié de persil haché, assaisonné de sel
et de poivre.

Beef-steak écossais. — Saupoudrez le morceau de viande avec du sel et du poivre, frottez-le vivement à plusieurs reprises avec la
moitié d'un gros oignon, placez-le dans la farine
et faites-le cuire sur le gril à feu vif. La viande
conserve ainsi tout son jus.

Cervelles de bœuf. — Mettez vos cervelles dans l'eau tiède, nettoyez-les. Faites-les dégorger dans de l'eau froide pendant une bonne heure. Mettez dans une marmite de l'eau, thym laurier, gousse d'ail, sel et poivre ; 1/2 verre de vinaigre, et quelques tranches de carotte. Jetez-y vos cervelles pendant une bonne demi-heure, et laissez-les cuire.

Egouttez-les bien. Partagez-les et servez-les sur un plat. Arrosez-les d'une sauce au beurre noir, d'une sauce piquante ou d'une sauce blanche suivant les goûts.

Cœur de bœuf à la mode. — Lavez avec soin un beau cœur de bœuf, puis essuyez-le bien. Fendez-le en deux dans sa longueur sans en séparer les morceaux. Prenez de fins lardons ; piquez-le, et continuez comme pour le bœuf à la mode. (Voir « bœuf à la mode ».)

Entre-côte de bœuf. — Après en avoir retiré les nerfs, coupez-le de l'épaisseur de 2 doigts. Salez et poivrez. Mettez-le sur le gril à feu vif. Après cuisson, servez-le avec une sauce à la maître-d'hôtel ou avec une sauce piquante.

Entre-côte braisé. — Mettez dans la casserole du lard de poitrine coupé par morceaux. Retirez-le, faites un roux ; mettez-y l'entre-côte et le lard, salez et poivrez. Ajoutez thym, laurier, oignons, carottes et un peu d'eau-de-vie. Après l'avoir laissé cuire 4 à 5 heures vous pourrez le servir.

Entre-côte grillé maître-d'hôtel. — Trempez l'entre-côte dans du beurre fondu ; salez et poivrez. Mettez-le sur le gril à feu doux, cinq minutes seulement pour chaque côté.

Prenez un bon morceau de beurre frais, manié de persil haché, mettez le tout sur un plat chaud, joignez un peu de jus de citron ; posez l'entre-côte dessus.

Filet de bœuf rôti. — Parez le morceau, piquez-le de lardons, faites-le mariner quelques heures. Faites rôtir au four, à feu doux, arrosez souvent. Servez avec le jus.

Filet de bœuf vin de Madère. — Se prépare comme ci-dessus, ajoutez à la sauce deux verres de vin de Madère. Passez et dégraissez avec soin.

Langue de bœuf braisée. — Faites dégorger et blanchir la langue, enlevez soigneusement toutes les parties qui la déparent ; puis piquez-la avec des lardons assaisonnés de sel et poivre.

Mettez-la cuire ensuite dans une casserole avec des bardes de lard. Ajoutez : carottes, oignons, thym, laurier, clou de girofle, sel et poivre. La cuisson demande trois heures. Servez avec une sauce piquante.

Langue de bœuf en daube. — La langue bien lavée et bien nettoyée, comme il a été dit, mettez-la dans l'eau et laissez-la bouillir une heure ; retirez-la, et après avoir enlevé la peau, piquez-la de lardons, et mettez-la dans une casserole. Fendez-la ensuite en deux dans sa longueur sans la séparer tout à fait. Ajoutez : un verre de vin blanc et 1/2 verre d'eau-de-vie ; poivre, sel, thym, laurier, oignons et carotte en tranches. Laissez-la cuire 4 ou 5 heures. On peut remplacer le vin par du bouillon gras, voire même celui dans lequel la langue a été cuite. Liez la sauce, au moment de servir, en y ajoutant un morceau de beurre.

Bœuf à la mode. — Piquez de gros lardons une belle tranche de bœuf, sans os. Mettez-la dans la casserole avec quelques petits oignons entiers, poivre, sel, laurier, thym et quelques carottes en tranches. Joignez quelques petites tranches de lard. Mouillez de bouillon et laissez cuire à feu très doux pendant quatre heures en ayant soin de tenir la casserole hermétiquement fermée.

Palais de bœuf. — Passez-les à l'eau froide pour faire dégorger, puis pendant quelques minutes à l'eau bouillante. Enlevez bien la peau, puis mettez-les cuire 3 ou 4 heures dans une sauce blanche. (Voir cette sauce.)

Palais de bœuf à la Lyonnaise. — Faites-les cuire à l'eau salée, coupez-les par morceaux et mettez-les mijoter quelque temps dans une fricassée d'oignons.

Queue de bœuf en hochepot. — Prenez deux ou trois queues de bœuf. Coupez-les en mor-

ceaux et passez-les à l'eau chaude, légèrement
salée. Mettez-les dans une marmite avec un
chou, navets, carottes, oignons et céleri. Joignez
un morceau de lard. Mouillez avec du bouillon
ou de l'eau et laissez cuire à petit feu pendant
quatre heures. Servez à part les viandes et les
légumes, faites réduire le bouillon et versez-le
par-dessus tout.

Queue de bœuf à la Sainte-Menehould. — La
faire cuire comme ci-dessus ; salez et poivrez.
Après l'avoir trempée dans du beurre fondu, la
paner, puis la mettre au four ou sur le gril quelques minutes.

Bœuf à l'allemande. — Mettez mariner dans
du vinaigre pendant 24 heures un morceau de
bœuf en y ajoutant : laurier, thym, clous de
girofle et poivre.

Retirez la viande, saupoudrez la bien de
farine, puis mettez-la dans une casserole avec
un bon morceau de beurre, quelques petits
oignons entiers, la marinade et du sel. Mettez
cuire au four pendant 2 ou 3 heures en entou-
rant le couvercle de pâte.

Rognon de bœuf à la bourgeoise. — Choisissez
un rognon de bœuf bien frais, coupez-le en
tranches minces. Mettez-le dans la casserole
avec un morceau de beurre, persil, ciboules et
pointe d'ail hachés menu.

Salez et poivrez. Ajoutez quand il sera cuit
un peu de bouillon gras et un filet de vinaigre.
Ne le laissez plus bouillir.

Rognon de bœuf sauté. — Après avoir bien dégraissé un rognon de bœuf, coupez-le en petits morceaux. Faites-les revenir dans la poêle avec un bon morceau de beurre en les agitant souvent. Dès qu'ils seront bien grillés, saupoudrez-les de farine, les laisser revenir encore un peu et les mouiller de moitié bouillon et moitié vin rouge. Ajoutez persil et échalotes hachés. Remuez pour que rien ne s'attache à la poêle, et servez bien chaud.

Rôti de bœuf. — Prenez un morceau de bœuf à rôtir, une côte, par exemple. Salez, poivrez et mettez-le ainsi au four si la viande est bien grasse, retournez-le et arrosez-le souvent pendant la cuisson. Dans le cas contraire, c'est-à-dire si la viande n'est pas assez grasse, ajoutez du beurre. Au commencement le feu ne doit pas être trop vif, on l'active vers la fin.

Le temps nécessaire pour cuire le roast-beef dépend de la grosseur du morceau.

Sauté de filet de bœuf. — Mettez dans une poêle un bon morceau de beurre; celui-ci fondu, mettez-y votre filet coupé en tranches d'un centimètre d'épaisseur, que vous assaisonnez. Retournez-les à plusieurs reprises pendant le temps de la cuisson, retirez votre viande, tenez-la bien au chaud et préparez la sauce en ajoutant dans le beurre resté dans la poêle une cuillerée à bouche de farine, remuez et ajoutez un peu de bouillon et du vin blanc suivant que votre sauce est plus ou moins épaisse.

Terrine à la paysanne. — Coupez du bœuf
bien maigre et du lard également maigre,
en tranches minces. Dans une terrine mettez :
une couche de tranches de bœuf, une de lard,
puis par-dessus persil, ciboules, hachés fin, sel
et poivre, feuille de laurier, un clou de girofle et
quelques oignons en tranches minces ; recommencez avec la viande, et ainsi de suite...
Terminez en ajoutant une cuillerée d'eau-de-vie
mélangée à deux cuillerées d'eau. Bouchez hermétiquement et faites cuire au four pendant
5 ou 6 heures.

———— ✦ ————

V. — LE VEAU

Blanquette de veau. — La blanquette se fait
soit avec le maigre d'un rôti de veau de la
veille, soit avec de la poitrine de veau fraîche.
Mettez dans une casserole un bon morceau de
beurre ; laissez fondre, ajoutez de la farine,
tournez et ne laissez pas roussir. Versez peu à
peu de l'eau bouillante, en tournant toujours.
Ajoutez poivre, sel, persil haché. Placez dans
cette sauce vos morceaux de veau et laissez
cuire doucement. La viande fraîche demande
environ trois heures de cuisson. Au moment de
servir, il est bon de lier la sauce avec des jaunes
d'œufs, un petit morceau de beurre, un filet de
citron ou de vinaigre.

Veau à la bourgeoise. — Prenez un carré de côtelettes de veau, enlevez-en les parties qui les déparent et mettez-les dans une casserole avec un bon morceau de beurre. Quand elles auront pris couleur, mouillez avec un peu d'eau et laissez mijoter.

Dans une casserole à part, faites revenir vos côtelettes dans du beurre ; une fois bien dorées des deux côtés, ajoutez-les au contenu de la première casserole, mais conservez à part leur jus. Joignez : quelques morceaux de petit-salé, quelques jeunes carottes, quelques oignons, persil et cerfeuil hachés menu. Salez et poivrez. Versez par-dessus un bol d'eau bouillante et laissez cuire pendant deux heures. Dégraissez un peu, et mettez alors le jus des côtelettes. Prenez un plat creux, placez le veau au milieu, entourez-le de pommes de terre cuites à l'eau et versez la sauce par-dessus.

Carré de veau ménagère. — Prenez sel, poivre, épices et fines herbes. Mélangez le tout. Roulez dans ce mélange quelques lardons, et piquez-en votre carré de veau.

Prenez une casserole, garnissez-en le fond de tranches de lard. Placez-y votre carré de veau, au-dessus duquel vous mettrez des tranches d'oignons et carottes. Arrosez légèrement de bonne eau-de-vie et laissez cuire à petit feu pendant environ deux heures.

Carré de veau braisé. — Mettez-le dans une casserole avec de petites tranches de lard, ca-

rottes, oignons, sel et poivre. Fermez hermétiquement, laissez cuire une bonne heure et servez.

Côtelettes de veau panées et grillées. — Faites
choix de belles côtelettes ; enlevez les parties
qui les déparent ; aplatissez-les légèrement.
Salez et poivrez. Trempez-les ensuite dans du
beurre fondu, puis saupoudrez-les de pain
émietté. Mettez-les sur le gril à feu bien clair ;
arrosez-les de temps en temps d'un peu de
beurre et retournez-les.

Servez avec une sauce poivrade, à laquelle on
joint un peu de jus de citron, ou sauce au
pauvre homme, ou maître-d'hôtel. (Voir ces
sauces.)

Côtelettes en papillote. — Prenez des côtelettes un peu minces, et couvrez-les de mie de
pain maniée de beurre, persil et ciboule hachés,
sel et poivre. Enveloppez-les dans un papier
huilé ou beurré en laissant sortir le manche de
la côtelette.

Faites cuire vingt minutes sur le gril à petit
feu et servez avec le papier.

Cervelle de veau. — Nettoyez une cervelle,
mettez-la pendant une heure dans l'eau froide.

Retirez-la, égouttez-la, puis faites-la cuire à
l'eau salée. On peut la servir frite ou avec une
sauce blanche ou une vinaigrette.

Escalopes de veau. — Coupez en tranches
minces de la rouelle de veau, puis en morceaux
grands comme la main. Battez bien ces mor-

ceaux et saupoudrez-les de farine. Mettez dans un plat un morceau de beurre, laissez-le fondre. Mettez-y vos escalopes et laissez-les roussir de chaque côté. Ajoutez un peu de bouillon, sel, poivre, thym et laurier. Laissez-les cuire doucement pendant 45 à 50 minutes. Servez-les sur un plat chaud en y ajoutant, à volonté, du jus de citron.

Foie de veau à la bourgeoise. — Faites roussir un bon morceau de beurre dans une casserole, et mettez-y votre foie piqué de gros lardons. Faites-le bien roussir en le retournant. Salez poivrez; ajoutez une dizaine de petits oignons, quelques tranches de carotte, un verre de vin, thym et laurier. Couvrez bien la casserole, laissez cuire à petit feu pendant une bonne heure. Avant de servir liez la sauce avec un peu de farine.

Foie de veau sauté. — Salez et poivrez des tranches minces de foie de veau, puis mettez-les dans une poêle où vous aurez fait fondre un morceau de beurre. Faites roussir ces tranches des deux côtés, et dressez-les sur un plat. Ajoutez à la sauce, dans la poêle, un verre de vin blanc, mélangez-la bien et versez-la sur les tranches.

Foie de veau sauté à l'italienne. — Faites chauffer du beurre dans la poêle, mettez-y des tranches de foie; faites cuire vivement cinq minutes de chaque côté en agitant la poêle.

Salez, poivrez. Ajoutez un peu de persil haché
et jus de citron. Dressez sur un plat, et par-
dessus versez la sauce.

Foie de veau rôti. — Prenez un foie de veau,
piquez-le de gros lardons bien assaisonnés et
enveloppez-le dans une panne de porc (graisse
dont est garnie la peau du ventre). Placez le
foie au four à feu doux en l'arrosant souvent avec
le jus qu'il rend pendant la cuisson.

Foie de veau sauté aux fines herbes. — Faites
revenir blond dans une casserole un bon morceau de beurre. Mettez-y vos tranches de foie
avec sel et poivre; laissez cuire à feu vif, en
ayant soin qu'elles ne s'attachent pas au fond
de la casserole.

Retournez-les. Laissez-les cuire un quart-
d'heure environ, ajoutez fines herbes, un filet
de vinaigre. Servez.

Fraise de veau. — Lavez-la plusieurs fois à l'eau
froide, faites-la blanchir ensuite pendant quelques minutes à l'eau bouillante. Retirez-la,
égouttez-la, puis mettez-la cuire dans l'eau avec
thym, laurier, oignon, carotte, clous de girofle.
Ajoutez un verre de vin blanc et laissez mijoter
environ trois heures. Retirez votre fraise, et
servez avec une vinaigrette ou une sauce blanche.

Fricandeau. — Piquez le dessus d'une tranche de rouelle de veau de petits lardons. Faites-
la cuire dans un peu de bouillon avec thym,
laurier, clou de girofle.

Quand le fricandeau est cuit, retirez-le de la casserole, passez la sauce, puis remettez-la sur le feu. Lorsqu'elle sera très réduite, glacez-en le fricandeau du côté du lard. Servez-le sur une couche d'oseille, d'épinard ou de chicorée.

Rôti de veau. — Prenez un morceau de veau à rôtir, enlevez les peaux, les nerfs, etc., qui le recouvrent.

Salez, poivrez, ajoutez au besoin un peu de beurre. Mettez au four et arrosez souvent avec le jus de la viande.

Après deux heures de cuisson, ou moins, selon la grosseur du morceau, dressez le rôti sur un plat, et servez la sauce à part.

Veau mariné. — Prenez une noix de veau ; placez-la dans une terrine pendant 5 à 6 jours avec : vinaigre, oignons en tranches, poivre, sel, quatre épices et gousse d'ail. Ayez soin de la retourner soir et matin. Mettez-la avec la marinade dans une casserole, ajoutez un pied de veau et du vin blanc.

Laissez cuire pendant au moins deux heures, ou plus, selon la grosseur du morceau ; dressez la viande sur un plat, passez la sauce au tamis, puis versez-la sur la viande. Ce plat se mange généralement froid.

Oreilles de veau aux champignons. — Passez-les à l'eau froide, épluchez-les, puis jetez-les quelques minutes à l'eau chaude pour les faire

blanchir. Après cela, faites-les cuire à l'eau légèrement salée.

Retirez-les, égouttez-les, puis faites-les revenir dans du beurre avec quelques champignons
coupés en morceaux, sel et poivre. Mouillez
d'un peu de bouillon ; laissez mijoter pendant
20 minutes environ. Dressez les oreilles sur
un plat. Laissez diminuer la sauce, liez-la avec
des jaunes d'œufs.

Poitrine de veau aux petits pois. — Prenez de
la poitrine de veau, passez à l'eau chaude, coupez-la par morceaux et faites-les revenir dans
du beurre ; ajoutez une pincée de farine, et
remuez bien en mouillant d'un peu de bouillon.
A part faites cuire des pois frais avec un bon
morceau de beurre, poivre, sel, un peu de sucre.

Une fois cuits, ajoutez-les à votre viande.
Laissez mijoter le tout une bonne demi-
heure encore et servez en liant avec un jaune
d'œuf.

Pieds de veau à la poulette. — Faites-les cuire
dans de l'eau salée, désossez-les, coupez-les par
morceaux, saupoudrez-les de farine et mettez-
les dans la casserole avec un morceau de beurre.
Salez, poivrez. Ajoutez petits oignons, persil
laurier et mouillez de bouillon ou d'eau. Après
la cuisson, liez la sauce avec des jaunes d'œufs
et un filet de vinaigre.

Pieds de veau en salade. — Faites une sauce
avec : échalotes, persil, ciboule, cerfeuil, moutarde, huile, vinaigre, sel et poivre.

Faites cuire vos pieds de veau, désossez-les ;
coupez-les en morceaux et servez-les dans la
sauce.

Pâté de veau. — Prenez du veau, du lard et
des oignons, hachez le tout menu. Assaisonnez
de poivre et des quatre épices. Ne mettez pas de
sel si le lard est salé. A ce hachis, mêlez un ou
deux jaunes d'œufs. Maniez bien le tout et
remplissez une terrine, en ayant soin de poser
une couche de lard au fond. Arrosez d'un peu
de vin blanc, fermez hermétiquement. Faire
cuire au four une bonne heure en arrosant souvent de beurre fondu.

Rouelle de veau bourgeoise. — Piquez votre
morceau de veau de petits lardons ; puis, assujettissez-le bien avec une ficelle. Mettez la
viande dans une casserole avec un bon morceau
de beurre au fond.

Ajoutez : oignons, carottes, thym, laurier et
deux verres de bouillon. Salez et poivrez. Laissez prendre une belle couleur, puis couvrez la
casserole et faites cuire à petit feu. Dressez la
viande sur un plat, faites réduire le jus qui reste
dans la casserole, liez d'un peu de farine et
versez par-dessus la viande.

Ris de veau au blanc. — Prenez des ris de
veau. Mettez-les deux heures dans un vase rempli d'eau froide, puis passez-les quelques minutes à l'eau chaude pour les blanchir, et rafraî-
chissez-les à l'eau froide. Egouttez-les bien, met-

tez-les alors dans une casserole avec un morceau de beurre et une pincée de farine. Mouillez-les d'un peu de bouillon, et remuez bien. Salez, poivrez et servez avec une sauce blanche.

On peut également faire cuire à part dans du beurre des petits oignons et des champignons coupés en morceaux.

Joignez-les aux ris de veau, et liez la sauce avec jaunes d'œufs et filet de vinaigre.

Ris de veau frits. — Après avoir fait subir à vos ris les préparatifs indiqués ci-dessus, trempez-les dans une marinade formée de : bouillon, fines herbes, ciboules et échalotes hachées, vinaigre, sel et poivre. Egouttez-les ensuite, trempez-les dans une pâte faite de farine délayée avec un peu d'eau et de beurre ; les rouler ensuite dans la mie de pain, puis les faire frire.

Ragoût de veau. — Prenez un morceau de veau et coupez-le en morceaux, autant que possible de même grosseur. Dans une casserole mettez du beurre. Dès qu'il commence à roussir, jetez-y un peu de farine, tournez, laissez roussir de nouveau, et mettez alors vos morceaux de veau. Ajoutez thym, laurier, sel et poivre. Laissez prendre une belle couleur, mouillez d'un peu de bouillon ou d'eau. Ajoutez : navets, pommes de terre, carottes en tranches et oignons. Retournez de temps en temps pour empêcher de brûler. Ajoutez, s'il le faut, un peu d'eau ou de bouillon, laissez cuire une bonne heure.

Rognon de veau sauté. — Prenez un rognon de veau, enlevez la peau et la graisse, coupez-le en tranches. Placez-les dans une casserole avec beurre, persil haché, sel, poivre et un peu de muscade. Mettez la casserole sur un feu vif et faites sauter en agitant vivement. Saupoudrez de farine, mouillez de vin blanc et tournez.

Avant de servir ajoutez un morceau de beurre et un filet de vinaigre.

Tête de veau nature. — Mettez la tête de veau à l'eau froide pendant une nuit entière. Quand le moment est venu de la préparer enveloppez-la d'un linge blanc que vous assujettirez avec une ficelle. Ceci fait, mettez-la dans une marmite, avec assez d'eau pour qu'elle en soit recouverte ; ajoutez : oignon piqué de clous de girofle, sel, poivre, thym, laurier et carotte.

Il faut environ quatre heures de cuisson.

La tête de veau cuite, servez-la bien chaude entourée de persil, avec une vinaigrette composée de : poivre, sel, huile, moutarde et vinaigre ; estragon, œufs durs, persil et oignons, hachés menu.

La tête de veau se sert également avec une sauce blanche.

Tête de veau en tortue. — La préparation de ce plat est longue et dispendieuse. Mais les fabricants de conserves vendent maintenant des boîtes de tête de veau en tortue toutes préparées et qu'il suffit de réchauffer au bain-marie. On n'en sert point d'autre dans les hôtels et restaurants.

VI. — LE MOUTON.

Cervelles frites. — Procédez comme il est dit pour les cervelles de veau. Ensuite faites-les cuire à l'eau avec thym, laurier, oignon, sel, poivre et un filet de vinaigre.

La cuisson achevée, coupez-les en morceaux, et passez-les dans une assiette où vous aurez versé un peu de beurre fondu, un filet de vinaigre, sel, poivre et muscade râpée.

Roulez-les ensuite dans de la farine, et faites-les frire. Servez avec une garniture de persil frit.

Cervelles au beurre noir. — Vos cervelles préparées comme il a été dit, faites-les cuire à l'eau, puis dressez-les sur un plat, et par-dessus, versez votre sauce au beurre noir.

Côtelettes de mouton grillées. — Après avoir enlevé des côtelettes les parties qui les déparent, battez-les, assaisonnez de poivre et de sel. Mettez-les sur le gril à feu ardent, les retournant à plusieurs reprises. Quand vous verrez apparaître le jus de la viande, retirez vos côtelettes et dressez-les sur un plat.

Côtelettes à la purée de marrons. — Faites griller les côtelettes tout simplement, comme ci-dessus. Nettoyez de beaux marrons de Lyon. Pelez-les bien, puis mettez-les au feu dans de l'eau salée. Laissez-les cuire jusqu'à ce qu'ils

s'écrasent facilement, passez-les alors. Mettez la
purée dans une casserole avec un morceau de
beurre, poivre et sel. Laissez-la mijoter quelques minutes. Servez dans un plat bien chaud,
et par-dessus, dressez vos côtelettes.

Côtelettes panées et grillées. — Préparez-les
comme ci-dessus, puis trempez-les dans du
beurre fondu auquel vous aurez ajouté : estragon, ciboules, persil, hachés fin ; salez et poivrez.
Saupoudrez bien vos côtelettes de mie de pain
très fine. Faites-les cuire sur le gril à feu vif,
en les retournant plusieurs fois, cinq minutes
de chaque côté, servez avec une sauce de haut
goût.

Epaule de mouton rôtie. — Faire désosser
entièrement une épaule de mouton, puis la bien
assujettir avec de la ficelle. La mettre au four,
après l'avoir assaisonnée de poivre et de sel, et
garnie de quelques petits morceaux de beurre,
laissez cuire pendant une bonne heure en l'arrosant deux ou trois fois pendant la cuisson
avec un peu de bouillon ou beurre fondu, qui,
se mélangeant au jus de la viande, vous donnent une excellente sauce. Servez l'épaule sur
un plat, la sauce à part.

Epaule farcie. — Après l'avoir fait désosser,
la fendre en deux dans sa largeur sans en
séparer tout à fait les morceaux. Placez à l'intérieur de la chair à saucisse bien assaisonnée.
Rapprochez les morceaux, ficelez bien l'épaule.

Faites-lui faire quelques tours de casserole, sur un bon feu, avec un morceau de beurre. Versez du bouillon jusqu'à en recouvrir la viande, puis ajoutez : oignons, carottes, gousse d'ail hachée, sel et poivre. Couvrez hermétiquement la casserole et laissez cuire pendant 4 heures.

Filet de mouton aux laitues. — Prenez un filet de mouton et mettez-le cuire à la casserole avec un bon morceau de beurre, sel et poivre. Epluchez de belles laitues, lavez-les bien, mettez-les dans de l'eau salée et laissez-les bouillir pendant 25 minutes environ. Retirez-les et faites-les égoutter en les pressant fortement. Mettez-les autour du filet en y ajoutant un peu de beurre. Laissez mijoter le tout pendant une heure. Dressez le filet sur un plat bien chaud, les laitues autour et la sauce par-dessus.

Gigot de mouton rôti. — Prenez un gigot de bonne qualité, battez-le bien afin d'en rendre la viande plus tendre, salez et poivrez-le.

Mettez-le au four avec du beurre et un peu d'eau dans le plat à rôtir. Quand il est à moitié cuit on le sale et on le poivre. On l'arrose pendant la cuisson. Si on aime l'ail, on fait un trou dans le gigot avec la pointe d'un couteau, et on y enfonce une gousse d'ail.

Les haricots blancs, verts ou panachés, voire même des haricots en purée se servent ordinairement avec le gigot.

Gigot de mouton braisé. — Prenez un beau gigot, et faites-le désosser à l'exception du man-

che. Piquez-le ensuite de gros lardons assaisonnés de sel et poivre.

Ficelez-le bien, en lui rendant sa forme première. Mettez dans le fond d'une vaste casserole des débris de viande de boucherie, quelques
oignons et carottes. Sur le tout votre gigot.
Ajoutez : thym, laurier, une gousse d'ail, deux
clous de girofle et 1/2 verre d'eau-de-vie. Mouillez de bouillon. Couvrez hermétiquement votre
casserole et laissez cuire pendant 4 heures à feu
doux. Après cuisson, retirez le gigot que vous
placez sur un plat bien chaud, et versez par-
dessus son jus passé au tamis.

On peut servir avec le gigot braisé des chicorées, des haricots nature ou en purée.

Gigot à l'anglaise. — Mettez dans l'eau :
2 feuilles de laurier, une branche de thym, sel,
poivre, un oignon piqué de deux clous de
girofle et 2 gousses d'ail. Laissez bouillir le tout
fortement. Prenez ensuite votre gigot, enveloppez-le d'un linge bien blanc ; assujettissez-le
bien avec une ficelle et plongez-le dans l'eau
bouillante ainsi aromatisée.

Laissez-le cuire pendant autant de fois quinze
minutes qu'il pèse de livres.

Une fois cuit, retirez-le de l'eau, enlevez le
linge, et dressez-le sur un plat, servez avec une
sauce piquante.

Gigot ou filet de mouton chevreuil. — Formez
une marinade chaude de vin blanc et de vinaigre assaisonnés de thym, laurier, persil, oignons,

carottes, sel et poivre. Mettez-y votre gigot pendant 48 heures en le retournant plusieurs fois. Ensuite retirez-le et laissez-le égoutter pendant une demi-heure.

Ceci fait, mettez-le au four pendant une heure en l'arrosant souvent de sa marinade. Le mouton chevreuil se mange avec une sauce poivrade ou une sauce chasseur.

Haricot de mouton ou navarin. — Prenez un carré de mouton que vous découperez par morceaux égaux, ou des débris de côtelettes, de la poitrine, ou de l'épaule, également coupés en morceaux.

Mettez-les dans une casserole avec du beurre. Laissez-les bien roussir en y ajoutant un peu de farine.

Mouillez d'un peu d'eau.

Dans une casserole à part, faites revenir quelques navets coupés en quatre avec un morceau de beurre. Quand ils seront bien roux, ajoutez-les au contenu de la première casserole. Mouillez d'un peu d'eau, salez, poivrez, ajoutez un oignon et une feuille de laurier. Laissez mijoter le tout pendant deux heures. Une demi-heure avant de servir, ajoutez quelques pommes de terre coupées en morceaux.

Langues de mouton grillées. — Nettoyez-les bien, faites-les blanchir en les passant à l'eau bouillante quelques minutes, puis ôtez la peau qui les enveloppe. Ainsi préparées, faites-les cuire dans du bouillon pendant une heure, fendez-les dans la longueur, et passez-les dans un peu d'huile mélangée de persil, poivre et sel. Saupoudrez-les ensuite de mie de pain; puis mettez-les quelques minutes sur le gril. Servez avec une sauce piquante.

Langues de mouton braisées. — Préparez les langues comme ci-dessus ; piquez-les de fins lardons assaisonnés de poivre et de sel et faites-les cuire pendant une bonne heure sur un feu doux, avec un peu de beurre mouillé de bouillon, dans une casserole bien fermée.

Quand elles sont cuites, retirez-les, fendez-les en deux dans leur longueur sans en séparer tout à fait les morceaux. Dressez-les sur un plat, la partie piquée en-dessus. Dégraissez la sauce, passez-la au tamis, remettez-la au feu, laissez-la réduire, ajoutez-y des câpres et un filet de vinaigre. Versez-la sur les langues.

Langues de mouton aux oignons. — Préparez et cuisez les langues comme précédemment, dressez-les ensuite sur un plat. Mettez dans une casserole un bon morceau de beurre, faites-y revenir quelques oignons coupés en morceaux. Saupoudrez d'un peu de farine et mêlez en mouillant de moitié vin blanc et moitié bouillon. Ajoutez persil, ciboules hachés fin. Salez, poivrez et laissez cuire doucement pendant une demi-heure.

Au moment de servir, ajoutez le jus d'un citron ou un filet de vinaigre. Passez le jus et versez-le sur les langues.

Pieds de mouton poulette. — Nettoyez, passez à l'eau bouillante, et désossez des pieds de mouton. Ensuite, mettez-les cuire pendant 4 heures dans de l'eau assaisonnée de thym, laurier, oignon, sel et poivre.

Retirez-les avec une écumoire et égouttez-les. Puis, mettez-les dans une casserole avec un morceau de beurre frais, persil et ciboules hachés fin, sel et poivre. Mouillez avec un peu de cuisson des pieds, et ajoutez un filet de vinaigre. Laissez aller à bon feu pendant quelques minutes, et liez la sauce avec des jaunes d'œufs en tournant et sans laisser bouillir à partir de ce moment. Servez sur un plat bien chaud.

Pieds de mouton sauce Robert. — Les préparer comme ci-dessus ; les faire cuire de même manière, puis les mettre dans une sauce Robert.

Laissez mijoter quelques minutes ; ajoutez sel, poivre et un peu de moutarde au moment de servir.

Pieds de mouton frits. — Une fois cuits comme il a été dit plus haut, les désosser, prendre la chair, lui donner une forme ronde allongée, puis les tremper dans une sauce blanche assez épaisse, enfin les saupoudrer de mie de pain, et les faire frire de belle couleur.

Rognons de mouton à la brochette. — Prenez des rognons bien frais ; enlevez la peau, fendez-les en deux sans les séparer ; salez et poivrez. Passez une brochette en travers. Trempez-les

alors dans du beurre fondu ; faites-les cuire
sur le gril à feu vif pendant quelques minutes.
Retournez-les et laissez-les cuire encore quelque temps. Enfin retirez-les, et placez-les sur
un plat.

Rognons de mouton sautés au vin blanc. —
Parez vos rognons, coupez-les en tranches minces et mettez-les à feu vif dans une casserole
avec un bon morceau de beurre, persil, sel, poivre et un peu de farine ; remuez en ajoutant un
peu de vin blanc. Servez bien chaud avec un
jus de citron ou un filet de vinaigre.

AGNEAU

Agneau à la poulette. — Délayez un peu de
farine dans une casserole avec un morceau de
beurre. Versez peu à peu de l'eau bouillante afin
que la farine se lie bien avec le beurre, puis
mettez-y un quartier d'agneau que vous aurez
fait blanchir quelques instants à l'eau bouillante. Salez, poivrez, ajoutez thym, laurier,
petits oignons et laissez cuire doucement pendant deux heures.

Un peu avant de servir liez la sauce avec un
jaune d'œuf.

Gigot d'agneau rôti. — Mettez-le au four avec
un peu de beurre et arrosez souvent pendant la
cuisson. Il faut environ 20 minutes par kilogramme de viande. Servez sur un plat bien
chaud ; le jus à part.

Agneau pascal. — Désossez le collet jusqu'aux épaules. Ficelez-le bien en cachant les cuisses, salez, poivrez, et couvrez-le ensuite de minces tranches de lard et d'un papier huilé ou beurré. Cela fait, mettez-le rôtir au four et quand il sera presque cuit, ce dont il faut s'assurer en le piquant avec une fourchette, enlevez le lard et le papier beurré, et laissez-le prendre couleur. Arrosez souvent pendant la cuisson. Il se sert entier, et le jus à part.

Selle d'agneau rôtie à l'anglaise. — Elle se fait rôtir au four, et se sert avec une sauce ainsi composée :

On prend un demi-litre de bouillon, on y ajoute une forte pincée de sauge verte hachée menu, on laisse bouillir pendant 5 minutes.

On y ajoute : échalotes hachées, 2 cuillerées de bon vinaigre, poivre et sel. On passe cette sauce et on la sert à part. Le rôti se dresse sur un plat, il demande 1 heure 1/2 de cuisson à bon feu.

La cervelle d'agneau les langues et les pieds se préparent comme pour le mouton.

Andouilles. — Prenez les boyaux les plus gras et les plus gros du cochon. Videz-les, puis nettoyez-les bien. Faites-les tremper pendant 24 heures dans de l'eau froide coupée d'un quart de vinaigre et aromatisée de : thym, laurier, persil.

Prenez alors de la panne que vous couperez en morceaux, puis des filets de lard entrelardé, assaisonnez le tout de poivre, 4 épices, échalotes et persil hachés ; remplissez vos boyaux sans les serrer. Liez-les par les deux bouts, et mettez-les cuire pendant 4 heures à petit feu dans une marmite, avec moitié eau, et moitié lait. Ajoutez-y deux carottes, 2 oignons, persil, girofle, thym et laurier.

Laissez ensuite refroidir dans ce bouillon, retirez-les enfin, égouttez-les bien, et quand vous voudrez les manger faites-les griller à feu doux pendant quelques minutes.

Boudin blanc. — Prenez du maigre de filet de porc, et quantité égale de lard, hachez le tout très menu. Faites bouillir ensuite du lait bien frais avec de la mie de pain, quelques œufs entiers, sel, poivre et muscade.

Retirez ce bouillon après quelques minutes, mettez-y votre hachis, remuez bien le tout, puis formez-en une pâte. Emplissez-en vos boyaux, mettez-les un quart d'heure à l'eau bouillante,

mais sans la faire bouillir de nouveau. Après ce
temps, retirez-les et mettez-les tremper 5 minutes seulement à l'eau froide. Avant de les manger, faites-les passer au four ou sur le gril à feu
doux pendant quelques minutes; servez bien
chaud.

Boudin noir. — Placez une marmite sur le
feu, et mélangez à du sang de porc, que vous
aurez soin de remuer pendant qu'il coule, de
la panne de lard, persil, laurier, ciboules, muscade, sel, poivre, oignons cuits;le tout haché fin.

Nettoyez bien un long boyau, puis introduisez-y ce mélange. Divisez alors ce boyau en
parties égales, liez-en fortement les extrémités,
et mettez cuire dans l'eau chaude sans laisser
bouillir.

La cuisson demande environ 20 minutes ;
mettez vos boudins refroidir, et quand vous
serez pour les manger, passez-les au four, ou
sur le gril pendant quelques minutes avant de
les servir.

Chair à saucisses. — Quoiqu'on la trouve
toute préparée chez les charcutiers, il vaut cependant mieux la faire soi-même.

Prenez du lard, ni trop gras, ni trop maigre;
ajoutez-y de la viande de bœuf ou de mouton,
ou de la viande de porc bien maigre, muscade
râpée, poivre, sel, épices, hachez le tout très
menu, et emplissez-en les boyaux lavés et préparés à cet effet.

De ce hachis, on fait aussi des croquettes, ou

des boulettes que l'on fait frire ou que l'on fait rôtir au four.

Carré de porc frais. — Mettez dans un plat allant au four un carré de porc frais. Saupoudrez-le fortement de sel fin, et laissez-le reposer ainsi pendant 24 heures. Mettez-le ensuite au four, comme un rôti ordinaire, et arrosez-le souvent pendant la cuisson. Quand il est presque cuit, assaisonnez de nouveau. Servez avec une sauce piquante.

Carbonades de porc à la flamande. — Prenez de minces tranches de porc frais, faites-les revenir dans une casserole avec un morceau de beurre.

Ajoutez : quelques oignons hachés, du poivre et du sel. Quand la viande a pris couleur, mouillez d'un peu d'eau ou de bouillon, et laissez cuire. Liez ensuite avec un peu d'eau mêlée de farine, laissez mijoter pendant une demi-heure encore. Un peu avant de servir, ajoutez un filet de vinaigre.

Côtelettes de porc sauce Robert. — Parez vos côtelettes, aplatissez-les, puis mettez-les dans une casserole avec un morceau de beurre. Laissez-les bien roussir, salez, poivrez, ajoutez un peu d'eau, laissez mijoter ainsi pendant une heure. Dressez-les sur un plat; et servez une sauce Robert à part.

Côtelettes grillées. — Parez vos côtelettes,

aplatissez-les, passez-les dans du beurre fondu, salez et poivrez-les.

Saupoudrez-les ensuite de mie de pain, et mettez-les sur le gril en ayant soin de les retourner plusieurs fois. Servez avec une sauce piquante bien chaude.

Fromage d'Italie. — On prend un foie de porc, un même poids de panne, et autant de lard. On hache le tout bien menu et on y mêle poivre, sel, muscade râpée, clous de girofle et persil haché. On couvre le fond et les bords d'un moule de fer blanc avec de la crépine, on remplit le moule avec le hachis, on recouvre le tout de bandes de lard, et on met au four. Quand le fromage est cuit, ce qui demande environ 1 heure 1/2, on le laisse refroidir dans le moule.

Fromage de cochon. — Ayez une tête de porc, et désossez-la avec soin. Prenez-en la chair et le lard, coupez le tout en filets minces. Coupez également les oreilles. Mélangez bien avec du sel et du poivre, thym, laurier, muscade râpée, échalotes et persil hachés. Ceci fait, étendez dans un saladier, la peau de la tête. Placez-y vos viandes, en entremêlant le gras et le maigre, les tendons des oreilles, la panne et la langue coupée en morceaux ; puis cousez bien la peau, et enveloppez-la ensuite dans un linge blanc, ficelez fortement celui-ci et mettez cuire le fromage ainsi enveloppé dans une marmite avec un litre de vin blanc, bouillon ou eau, poivre, sel, oignon piqué de clous de girofle, thym, laurier et une gousse d'ail. Laissez aller pendant 6 heures à feu doux, puis retirez, ouvrez le linge et la peau, versez le contenu tout bouillant dans un moule, où vous le laisserez refroidir. Quand vous voudrez retirer votre fromage, vous passerez le moule à l'eau bouillante. Faites réduire le bouillon et versez la gelée par-dessus le fromage de porc, après l'avoir clarifiée avec du blanc d'œuf.

Foie de porc braisé. — Piquez un foie de lardons bien frais, assaisonnés de poivre et de sel. Mettez un morceau de beurre dans une casserole, et quand il commence à brunir, placez-y le foie que vous remuerez de suite pour l'empêcher de brûler. Faites-le bien roussir des deux côtés, puis ajoutez : un peu de bouillon, un verre de vin, blanc ou rouge, thym, laurier, quelques petits oignons.

Fermez hermétiquement la casserole, et laissez bouillir doucement pendant une heure.

Ajoutez alors un peu de farine, maniée de beurre, mouillez d'un peu d'eau si c'est nécessaire, laissez bouillir vingt minutes encore et servez bien chaud avec le jus, qui vous donnera une excellente sauce.

Foie de porc en pâté. — Prenez un foie, autant de lard frais, et moitié de jambon cuit. Hachez le tout menu et mélangez ces viandes dans un plat profond avec 6 ou 8 œufs entiers, poivre, sel, et un verre d'eau-de-vie. Beurrez ensuite

6

une terrine, garnissez-en l'intérieur de minces tranches de lard, mettez-y le hachis, recouvrez le tout de lard, placez le couvercle, fermez hermétiquement avec un peu de pâte, faites cuire au four pendant 1 heure 1/2 environ.

Gras double à la Lyonnaise. — Prenez une dizaine d'oignons, épluchez-les bien, puis coupez-les en tranches minces. Mettez dans une casserole un bon morceau de beurre, et jetez-y vos tranches d'oignons. Quand ils seront blonds, ajoutez-y votre gras double coupé en morceaux de 4 à 5 centimètres de long sur un de large ; laissez cuire le tout à feu doux de façon à faire prendre au gras double une couleur dorée. Cela fait, salez et poivrez, ajoutez un peu de muscade râpée, très peu de poivre de Cayenne, une gousse d'ail, 2 échalotes hachées, et un verre de Madère.

Faites marcher 5 minutes à feu très vif en agitant fortement la casserole dans tous les sens. Au moment de servir ajoutez un filet de vinaigre et saupoudrez le tout de persil et cerfeuil, hachés menu.

Grillades de porc frais. — Coupez un morceau de porc en tranches minces, du filet si possible. Mettez-les tremper dans un peu d'huile avec sel et poivre, pendant une heure au moins. Les retirer et les faire griller à feu doux ; servir bien chaud.

Jambon sauté. — Coupez de fortes tranches de jambon, de l'épaisseur d'un centimètre et mettez-les dans la poêle, avec un peu de beurre. Grillées d'un côté, retournez-les de l'autre, et laissez-les quelques minutes de chaque côté. Servez-les avec leur jus. Vous pouvez aussi servir le jambon à part; et mettre dans le beurre qui a servi à le cuire quelques tranches d'oignons, et un peu de persil. Laissez devenir blond et versez cette sauce sur le jambon.

Jambonneau. — Détachez du jambon un petit jambonneau et faites-le dessaler une nuit dans l'eau fraîche. Retirez-le, égouttez-le. Ceci fait, assujettissez-le dans un linge blanc, mettez-le dans une marmite avec oignon piqué de 2 clous de girofle, thym, laurier, carottes. Laissez-le cuire ainsi pendant 3 heures environ. Retirez-le, laissez-le refroidir, enlevez la couenne, saupoudrez-le de mie de pain et persil haché menu.

Jambon. — Prenez un jambon, et battez-le bien, afin d'attendrir les chairs. Ceci fait, mettez-le dans l'eau de pluie pendant 24 heures pour le dessaler. Remplissez une marmite d'eau, assaisonnée de thym, laurier, 2 gros oignons piqués de clous de girofle, carotte, persil et une branche de céleri. Mettez-y cuire votre jambon très doucement pendant au moins 5 heures. On s'assure si le jambon est cuit en y enfonçant une fourchette qui doit pénétrer sans peine.

L'eau ne doit jamais bouillir, ce qui est du reste facile à éviter, en y ajoutant un peu d'eau froide, dès que l'on aperçoit quelques bouillons.

Jambon chaud au vin de Madère. — Ayez

jambon, parez-le, et mettez-le dessaler dans l'eau froide pendant 24 heures. Faites-le cuire ensuite à l'eau assaisonnée de thym, laurier, gros poivre, et bouquet de persil. Ajoutez 2 carottes, 2 oignons piqués de clous de girofle, et une gousse d'ail.

Après 4 ou 5 heures de cuisson, selon la grosseur du jambon, retirez-le, égouttez-le, et, encore chaud, enlevez la couenne. Ceci fait, mettez-le dans un plat à rôtir, arrosez-le d'une demi-bouteille de Madère, puis mettez-le au four pendant une demi-heure, en l'arrosant de son jus pendant la cuisson.

Servez à part une sauce Madère comme suit:

Délayez dans une casserole, un bon morceau de beurre frais manié de farine, mouillez d'un peu d'eau tiède; ajoutez un peu de jus de viande, tournez toujours dans le même sens en laissant bouillir pendant une dizaine de minutes, et ajoutez petit à petit quelques verres de Madère. Avant de servir, joignez à la sauce un peu de sucre, du jus de citron et laissez mijoter quelques minutes.

Lard bouilli. — Mettez de l'eau dans une marmite, puis votre lard avec sel et poivre, s'il n'est pas salé; avec poivre seulement, s'il l'était. Laissez bouillir, puis écumez. Ajoutez thym et laurier et laissez-le cuire jusqu'à ce que vous puissiez enfoncer facilement une fourchette dans la viande. Le lard se sert avec des carottes, des pommes de terre ou des choux verts. On obtiendra un très bon potage en ajoutant au bouillon, un chou, un céleri, deux oignons, le tout haché menu, et revenu dans un peu de beurre.

Mahométanes. — Prenez une mince tranche de bœuf et une tranche de porc, coupée également très mince. Ayez de la chair à saucisses, un œuf cuit dur, mie de pain, muscade râpée, poivre et sel. Maniez bien le tout ; placez une tranche de bœuf sur une tranche de porc et, au milieu, étendez un peu cette pâte. Roulez les tranches de manière à faire toucher les extrémités. Ficelez bien en serrant les bouts. Mettez roussir vos boulettes dans une casserole avec un bon morceau de beurre ; mouillez-les d'un peu de bouillon ou d'eau, puis ajoutez y : 1/2 feuille de laurier et un oignon coupé en tranches. Couvrez la casserole et laissez mijoter 1 heure 1/2.

Mouillez ensuite d'un peu de farine délayée dans de l'eau, ajoutez un filet de vinaigre, un peu de persil haché, et servez bien chaud.

Oreilles de porc braisées. — Nettoyez-les bien, flambez-les, puis passez-les à l'eau bouillante pour les faire blanchir.

Les mettre cuire ensuite pendant 5 ou 6 heures dans une casserole avec du lard coupé en morceaux, oignons, carottes, thym et laurier. Mouillez le tout avec du bouillon ; salez et poivrez et servez avec une sauce piquante.

Oreilles de porc à la Sainte-Menehould. — Les faire cuire à l'eau bien aromatisée de thym, laurier, oignon piqué de clous de girofle, les tremper ensuite dans du beurre fondu, les saupoudrer de mie de pain, et les mettre quelques minutes au four ou sur le gril.

Elles se servent avec une sauce piquante.

Pieds de porc grillés à la Sainte-Menehould. — Le plus simple est d'acheter ces pieds tout préparés chez un charcutier, de les faire rôtir au four, ou sur le gril, à feu doux, pendant 5 minutes pour chaque côté.

Servez-les avec une sauce piquante, ou au naturel avec moutarde.

Pieds de porc cuits dans la marmite. — Nettoyez-les bien, puis passez-les à l'eau bouillante pour les faire blanchir. Mettez-les ensuite dans une marmite avec carottes, oignon piqué de 4 clous de girofle, thym, laurier.

Laissez-les cuire pendant 5 ou 6 heures. Retirez-les, égouttez-les et servez sur une purée de pois ou de haricots.

Queues de porc en hochepot. — Prenez quelques queues de porc, nettoyez-les bien, puis faites-les blanchir à l'eau bouillante pendant une dizaine de minutes.

Mettez au fond d'une casserole quelques morceaux de lard, et par-dessus, vos queues de porc. Mouillez d'un peu d'eau, salez, poivrez, fermez la casserole hermétiquement, et laissez cuire à petit feu pendant 2 heures environ.

Prenez une autre casserole et faites-y cuire dans du bouillon, des navets, carottes, céleri et oignons. Les légumes bien cuits, faites un roux, placez-y le petit lard et les légumes; laissez mijoter le tout quelques minutes. Retirez les queues, égouttez-les, dressez-les sur un plat, les légumes autour.

Par-dessus, versez le bouillon dans lequel vous avez fait cuire vos légumes, et que vous aurez fait réduire.

Rôti de porc. — Prenez un morceau de porc à rôtir, ciselez le gras et assaisonnez de poivre et de sel.

Mettez le rôti au four avec un peu d'eau dans le plat. Laissez cuire, pour un morceau de deux kilogrammes il faut environ une heure et demie, arrosez-le souvent de son jus pendant la cuisson.

Servez-le avec le jus.

On peut ajouter, pendant la cuisson, quelques pommes de terre, que l'on place dans le plat autour du rôti. Il faut les retourner de temps en temps et les laisser rissoler dans la graisse.

Rognons de porc sautés. — Lavez bien vos rognons, enlevez-en la graisse, puis coupez-les en tranches minces. Mettez ces tranches sur une assiette, salez et poivrez. Faites brunir du beurre dans une casserole, jetez-y vos rognons et remuez fortement.

Une fois bien roux, ajoutez-y un peu de farine, persil haché et mouillez d'un peu de bouillon. Remuez bien, et faites cuire à feu très vif mais sans laisser bouillir. Ajoutez un filet de vinaigre au moment de servir. On peut mouiller de vin blanc ou rouge au lieu de bouillon.

Sang de porc fricassé dans la poêle. — Mettez un morceau de beurre dans la poêle, faites-le fondre sans roussir. Joignez-y le sang du porc, et remuez doucement, en laissant cuire comme une omelette.

Salez, poivrez et servez bien chaud.

Saucisses sur le gril. — Piquez-les avec une fourchette, et faites-les griller à feu doux. Servez-les au naturel, avec des pommes de terre en purée.

Saucisses au vin blanc. — Faites-les revenir dans une poêle avec du beurre, saupoudrez-les de farine en bien remuant, et laissez bouillir le tout. Mouillez d'un verre de vin blanc, et saupoudrez avant de servir de persil haché. Salez et poivrez.

Tripes à la mode de Caen. — Nettoyez des tripes bien fraîches, et lavez-les avec soin à plusieurs eaux ; faites-les ensuite blanchir à l'eau bouillante ; puis laissez-les tremper à l'eau froide pendant 24 heures. Garnissez le fond d'une terrine de bandes de lard, oignons en tranches, thym, laurier, girofle et poivre en grains. Prenez vos tripes, égouttez-les bien, puis placez-les dans la terrine avec un pied de veau, nettoyé avec soin. Ajoutez sel, muscade râpée, et mouillez le tout de vin blanc. Recouvrez la terrine de tranches de lard, bouchez-la hermétiquement, et faites cuire doucement au four pendant au moins six heures.

Servez si possible dans la terrine et bouil-

lant. Ayez soin de donner à chaque convive une
assiette chaude.

COCHON DE LAIT

Cochon de lait rôti. — Lavez-le bien avec de
l'eau bouillante, flambez-le avec soin afin d'en
enlever toutes les soies, puis videz-le.

Ensuite, frottez-lui bien l'intérieur du corps
avec du beurre, manié de fines herbes, sel et
poivre. Ceci fait, mettez-le pendant 1/2 heure
à l'eau fraîche, puis égouttez-le bien. Assaisonnez fortement en dedans et en dehors. Mettez-le
enfin au four pendant environ 2 heures à bon
feu en l'arrosant de beurre pendant la cuisson.
Servez avec une sauce poivrade.

VIII. — LE GIBIER

ALOUETTES

Alouettes à la minute. — Prenez des alouettes, plumez-les, puis flambez-les sans les vider.
Ceci fait, mettez-les dans une casserole avec
un bon morceau de beurre, salez et poivrez.

Remuez vivement la casserole dans tous les
sens. Lorsque vos alouettes seront de belle couleur, joignez-y un verre de vin blanc et un peu
de bouillon, saupoudrez le tout d'échalotes et

persil hachés menu. Laissez bouillir pendant quelques minutes, et servez chaque alouette sur un croûton frit.

Alouettes rôties. — Après leur avoir fait subir les préparatifs indiqués plus haut, les entourer chacune d'une tranche de lard, bien blanc, et pas trop épaisse. Les mettre pendant 20 minutes au four, les arroser souvent avec leur jus pendant la cuisson, et les servir sur de minces tranches de pain grillées.

Alouettes au chasseur. — Plumez-les, et flambez-les. Faites revenir dans une casserole quelques tranches de lard et quelques petites saucisses, y joindre vos alouettes. Salez et poivrez. Saupoudrez le tout d'un peu de farine, et mouillez d'un verre de vin blanc. (Il faut 25 minutes environ pour cuire les alouettes.) Servez-les bien chaudes.

BEC-FIGUES

Bec-figues. — Plumez, et flambez-les. Enveloppez-les ensuite dans une feuille de vigne, et mettez-les au four avec un morceau de beurre. Laissez-les cuire pendant une dizaine de minutes en les arrosant de leur jus.

BÉCASSES

Bécasses rôties. — Plumez-les, enlevez la peau de la tête, et troussez-les sans les vider. Ceci fait, entourez-les d'une mince tranche de lard, et mettez-les au four pendant 25 minutes environ. On sert la bécasse sur des croûtons grillés sur lesquels on recueille tout ce qui s'échappe pendant la cuisson.

Bécasses en salmis. — Faites rôtir des bécasses ; laissez-les refroidir, puis coupez-les en morceaux en leur enlevant la peau. Placez ces morceaux dans une casserole. Dans une autre casserole, faites un roux, jetez-y les carcasses des bécasses, le tout haché menu, mouillez de moitié vin blanc et moitié bouillon, poivrez et salez. Ajoutez-y des échalotes hachées, thym, laurier, clous de girofle, et laissez réduire de moitié.

Passez cette sauce, et versez-la ensuite sur les morceaux de bécasse qui se trouvent dans la première casserole, placez celle-ci sur le feu et laissez chauffer sans bouillir pendant un quart d'heure.

Dressez ensuite vos morceaux de bécasse sur un plat ; entourez-les de croûtons frits, et par-dessus tout, versez la sauce.

Salmis de bécasses à l'esprit-de-vin. — Découpez des bécasses rôties et brûlantes sur un plat de métal disposé sur un réchaud à esprit-de-vin. Ajoutez sel, poivre, échalotes hachées, un verre de vin blanc, un peu de jus de citron, et un morceau de beurre. Saupoudrez le tout de mie de pain, laissez bouillir quelques minutes en retournant les morceaux et servez.

BÉCASSINES

Bécassines rôties. — De même que la bécasse, la bécassine ne se vide pas. Plumez, flambez, entourez d'une tranche de lard, et mettez au four pendant environ 12 minutes. Elles se servent sur de minces tranches de pain beurrées et grillées.

CERF

Filet de cerf rôti. — Prenez un filet de cerf, et après en avoir retiré les parties qui le déparent, piquez-le de lardons assaisonnés de poivre, sel et muscade râpée.

Mettez-le mariner pendant 48 heures avec du vin blanc, vinaigre, thym, laurier, oignon piqué de 2 clous de girofle. Retirez-le de la marinade, égouttez-le bien, et mettez-le au four pendant une heure et demie environ, en l'arrosant de sa marinade pendant la cuisson. Le servir avec une sauce poivrade, mélangée du jus de la cuisson.

Rouelle de cerf à la Saint-Hubert. — Prenez un bon morceau de cuisse de cerf ; piquez-le de gros lardons.

Passez dans une casserole avec un bon morceau de beurre ; mouillez de moitié bouillon et moitié vin rouge, salez, poivrez, ajoutez : thym, laurier, et laissez mijoter pendant 2 heures au moins.

A part, dans une autre casserole, faites un roux ; ajoutez-y le contenu de la première casserole. Joignez-y quelques cornichons coupés en tranches, et servez bien chaud.

CHEVREUIL

Côtelettes de chevreuil sauce poivrade. — Prenez un carré de côtelettes, et mettez-le mariner pendant deux jours dans de bon vinaigre aromatisé de sel, poivre, thym, laurier et oignons en tranches. Retirez-en le morceau, égouttez-le bien, puis coupez les côtelettes. Ceci fait, faites-les revenir à feu très vif dans une casserole avec un bon morceau de beurre pendant une dizaine de minutes. Servez en posant chaque côtelette sur une tranche de pain grillée, avec une sauce poivrade.

Civet de chevreuil. — Prenez de la poitrine ou de l'épaule ; coupez en morceaux. Coupez également en dés une certaine quantité de lard. Passez-le au beurre ; retirez-le au bout de quelques minutes ; et avec ce beurre, faites un roux. Mettez dans ce roux vos morceaux de chevreuil et de lard ; arrosez le tout de moitié bouillon et moitié vin rouge, salez et poivrez. Ajoutez : thym, laurier, quelques champignons et petits oignons entiers.

Laissez mijoter à petit feu, pendant 2 heures environ. Dressez vos morceaux de chevreuil sur un plat, la sauce par-dessus. On peut, entre les morceaux de chevreuil, placer des petits croûtons frits.

Cuissot de chevreuil sauce poivrade. — Faites-le mariner pendant 2 jours dans 1/2 litre de vinaigre et autant de vin blanc. Ajoutez : 2 oignons coupés en tranches, 4 clous de girofle, quelques grains de poivre, et un peu de gros sel. Retirez-le ensuite, égouttez-le bien, et faites-le rôtir à feu vif pendant une bonne heure en l'arrosant de sa marinade.

Servez-le sur un plat long avec une sauce poivrade à part.

Gigot de chevreuil rôti. — Prenez un gigot de chevreuil, et mettez-le mariner pendant 5 à 6 heures avec 1/2 bouteille de vin rouge, vinaigre, sel, poivre, thym, laurier et oignon coupé en tranches minces.

Retirez-le de la marinade, égouttez-le bien, puis mettez-le au four pendant une heure en l'arrosant souvent de sa marinade pendant la cuisson. Dressez-le sur un plat, et servez à part dans une saucière, une sauce poivrade, mélangée du jus de la cuisson.

Râble de chevreuil rôti. — Le râble de chevreuil se marine comme le gigot, se pique ensuite de fins lardons assaisonnés, se saupoudre de poivre et de sel, et se met au four pendant une demi-heure environ.

Il se sert avec une sauce poivrade à part.

CANARDS SAUVAGES

Canard sauvage. — Plumez-le bien, puis flambez-le et videz-le. Entourez-le ensuite d'une mince tranche de lard, saupoudrez de sel et de poivre, et mettez-le au four pendant une demi-heure environ, en l'arrosant de son jus pendant la cuisson.

Autre manière. — Plumez avec soin, puis videz et troussez le canard. Mettez-le dans la casserole avec un bon morceau de beurre et quelques champignons. Salez et poivrez. Laissez mijoter pendant 35 à 40 minutes, puis servez-le bien chaud.

CAILLES

Cailles rôties. — Videz et flambez vos cailles, entourez-les ensuite d'une feuille de vigne puis d'une tranche de lard très mince.

Mettez-les ensuite pendant 20 minutes au four, en les arrosant de leur jus, et servez-les sur des croûtons frits.

Cailles grillées. — Mettez dans une casserole un morceau de beurre, poivre, sel, et une petite feuille de laurier. Coupez vos cailles en deux, mettez-les dans la casserole et laissez-les cuire tout doucement. Quand elles seront aux trois quarts cuites, retirez-les, panez-les, et placez-les quelques minutes sur le gril. Dressez-les ensuite sur un plat et par-dessus versez leur sauce à laquelle vous aurez ajouté un peu de bouillon et jus de citron.

Cailles au chasseur. — Vidées et flambées, mettez-les dans la casserole avec beurre, poivre et sel, et une demi-feuille de laurier. Remuez

vivement la casserole dans tous les sens, saupoudrez de farine, et mouillez avec moitié
bouillon et moitié vin blanc. Laissez cuire à
petit feu pendant une demi-heure. Dressez vos
cailles sur un plat, faites réduire la sauce, et
versez-la dessus.

COQS DE BRUYÈRE

Coq de bruyère. — Plumez et videz-le. Coupez-lui la tête, les ailes, et la queue en plume,
mettez ces parties de côté, pour en orner
l'oiseau en le servant sur la table. Ceci fait,
enveloppez-le d'une mince tranche de lard, et
mettez-le rôtir au four, pendant environ une
heure. Arrosez-le pendant la cuisson de beurre
fondu légèrement salé, mélangé d'un peu de vin
blanc sec. Servez sur quelques tranches de pain
grillées.

ÉTOURNEAUX

Étourneaux. — Plumez, flambez et troussez-
les sans les vider. Introduisez-leur du poivre et
du sel dans le corps. Ceci fait, enveloppez-les
d'une mince tranche de lard.

Mettez-les au four, pendant un quart d'heure.
Servez-les avec leur jus sur des croûtons grillés
et beurrés.

FAISANS

Faisan rôti. — Plumez-le, videz-le, puis coupez-lui la tête, la queue et les ailes en plume ;
mettez ces parties de côté pour en garnir l'oi-

seau à table. Ceci fait, on l'enveloppe d'un papier beurré, et on le met au four pendant 35 à 40 minutes.

Pendant la cuisson, on l'arrose avec du beurre fondu, auquel on ajoute une cuillerée de vin de Madère.

On le sert sur des rondelles de pain grillées et beurrées.

Faisan en salmis. — Découpez un faisan rôti et refroidi. Mettez dans une casserole, un oignon coupé en dés, avec une carotte et un petit morceau de beurre. Laissez revenir pendant 5 minutes, puis ajoutez-y les débris de carcasse et les petites parures, et faites revenir pendant 5 minutes. Ajoutez alors 2 clous de girofle, thym, laurier, un verre de vin blanc, un peu de bouillon, sel et poivre, et laissez mijoter pendant une demi-heure environ. Passez bien le tout en pressant, mettez cette sauce et les morceaux du faisan dans une casserole, laissez chauffer sans bouillir, puis dressez les morceaux sur un plat, et versez par-dessus, la sauce.

GÉLINOTTE

Gélinotte. — Plumez-la, videz-la, entourez-la ensuite d'une mince bande de lard. Salez et poivrez, mettez au four pendant 40 à 45 minutes. Pendant la cuisson, arrosez souvent de beurre fondu mêlé d'un verre de Madère ;

servez sur des rondelles de pain beurrées et grillées.

GRIVE

Grives rôties. — Plumez-les et flambez-les. La grive ne se vide généralement pas. Introduisez-leur dans le corps quelques grains de genévrier. Enveloppez-les ensuite d'une mince bande de lard, saupoudrée de poivre et de sel, puis mettez-les au four pendant un bon quart-d'heure.

Servez-les sur des croûtons grillés.

Grives à la flamande. — Mettez dans une casserole un bon morceau de beurre, faites revenir vos grives. Ajoutez : poivre, sel, et quelques grains de genévrier. Mouillez d'un peu d'eau.

Laissez cuire doucement pendant une demi-heure, et servez-les avec leur sauce sur des croûtons grillés.

Grives en salmis. — Se préparent de la même manière que les alouettes en salmis.

LIÈVRE

Lièvre rôti. — Prenez un beau râble, piquez-le de fins lardons, puis mettez-le mariner pendant 48 heures avec du vinaigre, du gros poivre, un oignon coupé en tranches, une feuille de laurier.

Retirez-le ensuite, égouttez-le bien, puis mettez-le au four en l'arrosant souvent de sa marinade pendant la cuisson, cette opération demande environ 40 minutes.

Servez avec une sauce poivrade, mélangée du sang du lièvre, dans laquelle vous pouvez écraser le foie. Faites chauffer sans bouillir et tournez.

Lièvre à la crème. — Prenez un beau râble, couvrez-le de beurre bien frais, salez et poivrez. Mouillez-le ensuite d'un bol de crême et sans autre façon, mettez-le au four pendant 1 heure 1/4 environ. Après dix minutes de cuisson, piquez-le avec une fourchette pour en faire sortir le jus : il se mélange à la crême et forme une sauce avec laquelle il faut arroser le râble pendant la cuisson.

Lièvre en civet. — Mettez dans une casserole, un bon morceau de beurre, faites-y revenir bien roux du lard coupé en dés.

Ajoutez-y ensuite votre lièvre découpé en morceaux, moins le foie que vous conserverez ; laissez-les bien roussir à feu très vif, en agitant fortement la casserole dans tous les sens ; saupoudrez d'un peu de farine, et remuez encore quelques minutes. Ajoutez ensuite : 3/4 de bouteille de vin, un grand verre à vin de cognac, et 1/2 litre de bouillon ; puis, quelques petits oignons, sel, poivre, thym, laurier et une pincée de poivre de Cayenne.

Laissez cuire à petit feu pendant 2 heures 1/2 ou 3 heures. Ecrasez bien le foie avec un bon morceau de beurre, délayez-le avec un peu de vinaigre, puis ajoutez-le à votre sauce. Laissez bouillir pendant une dizaine de minutes, et servez bien chaud.

Lièvre en daube. — Prenez un lièvre, enlevez les chairs, puis brisez les os et la tête. Prenez même quantité de rouelle de veau que vous couperez également en morceaux.

Mettez les os dans une casserole avec un jarret de veau coupé en morceaux, 2 carottes, 2 oignons. Mouillez de moitié bouillon et moitié vin blanc, puis ajoutez : poivre, sel, thym et laurier.

Laissez bien cuire pendant 1 heure 1/2, puis passez le tout. Prenez ensuite une terrine ; garnissez-en le fond de bandes de lard ; par-dessus celles-ci, mettez de la chair de lièvre, puis vos morceaux de veau. Recommencez avec le lard et continuez ainsi. Enfin, salez et poivrez, mouillez du jus des os ; couvrez le tout de bandes de lard, et faites cuire à feu doux pendant une heure environ.

Ne servez la terrine qu'après qu'elle est bien refroidie.

Lièvre en civet chasseur. — Prenez la chair d'un lièvre et après l'avoir bien battue, coupez-la menu. Mettez alors dans une casserole un morceau de beurre. Faites revenir les morceaux du lièvre, salez et poivrez. Saupoudrez d'un peu de farine que vous laisserez roussir aussi, mouillez avec le sang du lièvre et un verre de vin rouge. Ajoutez quelques oignons blancs, coupés en morceaux. Laissez bouillir vivement pendant 1/2 heure, puis servez bien chaud sur de minces tranches de pain grillées.

Lièvre en terrine. — Ayez un lièvre, dépouillez-le, videz-le en ayant soin de recueillir le sang. Enlevez les filets, la chair des cuisses, coupez-les en tranches minces, assaisonnez de poivre et sel, piquez les plus gros morceaux de gros lardons.

Ensuite, prenez ce qui reste de chair autour des os et de la carcasse, joignez-y le foie et une même quantité de veau et de lard bien frais, hachez le tout menu. Ajoutez : sel, poivre, muscade en poudre, et maniez bien le tout avec le sang du lièvre de façon à former une pâte.

Ceci fait, mettez dans une casserole les os du lièvre, avec un oignon, une branche de thym, une feuille de laurier, poivre et sel ; faites revenir dans un peu de beurre, puis ajoutez de l'eau et laissez bouillir lentement pendant trois heures ; faites réduire de façon à ce qu'il ne reste qu'un verre de jus.

Prenez une terrine, garnissez-en le fond de minces bandes de lard, par-dessus placez des tranches de lièvre, puis un lit de farce ; recommencez à placer une nouvelle couche de tranches de lièvre, et continuez ainsi de manière à terminer par la farce ; votre terrine bien pleine, versez-y le jus des os.

Recouvrez le tout d'une tranche de lard, placez le couvercle, et enduisez-en le bord d'une pâte, de façon à ce que la terrine soit fermée hermétiquement.

Faites cuire au four pendant deux heures, laissez refroidir et servez dans la terrine.

Pâté de lièvre en croûte. — Les viandes préparées, comme il est dit ci-dessus, prenez de la farine, 2 ou 3 jaunes d'œufs, du beurre, un peu de sel et d'eau ; maniez le tout de façon à en former une pâte. Travaillez-la bien, puis formez-en une boule que vous mettrez reposer dans un endroit frais pendant une heure environ.

Prenez un plat en métal, allant au four, placez dessus un papier beurré et sur ce papier un moule de forme ovale beurré à l'intérieur. Dans ce moule, placez avec méthode votre pâte roulée et ramenée à une épaisseur d'un centimètre environ.

Appuyez votre pâte sur le fond et sur les parois intérieures du moule de façon à ce qu'elle en prenne bien la forme. Laissez-la dépasser d'un doigt à la partie supérieure, puis garnissez le pâté comme il a été dit pour la terrine.

Avec vos débris de pâte, formez un couvercle, soudez-le à votre pâté en mouillant le bord de celui-ci. Au milieu de votre couvercle faites un trou de la grandeur d'une pièce d'un franc et par ce trou, versez votre jus d'os de lièvre.

Laissez cuire au four pendant 2 heures, retirez adroitement le moule et servez votre pâté lorsqu'il sera refroidi.

LAPIN

Lapin rôti. — Dépouillez, videz, puis piquez votre lapin de petits lardons bien assaisonnés de sel et de poivre. Faites-le rôtir ensuite au four pendant 1 heure 1/2 environ en l'arrosant de beurre fondu.

Délayez le foie du lapin dans le beurre fondu qui a servi à arroser le lapin, mouillez d'un peu de bouillon, puis ajoutez : poivre, sel, ciboules hachées et un filet de vinaigre, laissez chauffer sans bouillir cette sauce pendant un quart-d'heure, puis servez-la à part.

Le lapin rôti se sert aussi avec une sauce poivrade.

Lapin sauté. — Dépouillez, puis videz votre lapin, coupez-le ensuite par morceaux, et mettez-les roussir dans une casserole avec un bon morceau de beurre. Ajoutez-y : échalotes hachées, thym, laurier, sel, poivre, un verre de vin blanc. Laissez mijoter le tout pendant deux heures environ, servez bien chaud.

Lapin en gibelotte. — Votre lapin dépouillé et vidé, coupez-le par morceaux. Faites revenir dans du beurre du lard coupé en dés ; dès qu'ils seront blonds, retirez-les et remplacez-les par les morceaux de lapin. Laissez bien roussir ceux-ci, puis remettez le lard en ajoutant sel, poivre, thym, laurier. Mouillez de moitié bouillon et moitié vin blanc; laissez mijoter pendant deux heures, puis servez bien chaud.

On peut faire blanchir et cuire à part quelques champignons coupés en morceaux et les ajouter au lapin environ dix minutes avant de servir.

Lapin à la bourgeoise. — Découpez un lapin en morceaux et faites-les mariner pendant 24 heures avec poivre, sel, thym, laurier, oignons coupés en tranches, le tout arrosé d'un grand verre de Madère. Ensuite, mettez dans une casserole un bon morceau de beurre, faites-y revenir du lard coupé en dés, ajoutez une pincée de farine, mouillez d'un peu de bouillon, puis ajoutez le lapin avec sa marinade. Fermez la casserole, et laissez-cuire doucement pendant 2 heures environ.

Lapin au père Douillet. — Prenez les meilleurs morceaux d'un lapin, puis faites-les bien revenir dans la casserole avec quelques gros lardons et un morceau de beurre. Mouillez d'un verre de vin blanc, et de même quantité d'eau ou de bouillon, salez et poivrez. Ajoutez thym, laurier, persil, 2 échalotes, 2 clous de girofle, carotte et panais coupés en tranches. Laissez cuire environ deux heures. Passez la sauce, et servez bien chaud.

Pâté de lapin. — Prenez un beau lapin, coupez-le en morceaux, prenez la chair des cuisses et celle des filets, et coupez-les en tranches minces. Hachez ensuite menu le restant des chairs du lapin, auquel vous aurez ajouté une livre de lard, le foie, 2 jaunes d'œufs durs, persil, 2 échalotes. Mouillez avec du lait et formez une pâte de ce hachis, ajoutez-y : poivre, sel, mie de pain et mélangez bien le tout.

Ceci fait, prenez une terrine de grandeur moyenne, garnissez-en les côtés et le fond de minces bandes de lard, puis par-dessus étendez une couche de tranches de lapin. Recouvrez celles-ci d'une couche de farce, et continuez ainsi par lits successifs jusqu'à ce que la terrine soit pleine.

Saupoudrez le tout de mie de pain, poivre, sel, ajoutez quelques morceaux de beurre. Couvrez votre terrine d'un papier beurré, et mettez-la au four, à bon feu, pendant 2 heures environ, en arrosant, à trois ou quatre reprises, de beurre fondu pendant la cuisson.

Dans une casserole à part, faites bouillir dans un peu d'eau les os du lapin. Ajoutez une feuille de laurier, poivre, sel. Mouillez d'un verre de vin blanc. Laissez réduire ce jus, et une fois votre pâté cuit à point, versez-le par-dessus, après avoir retiré le papier.

LAPEREAUX

Lapereau à la minute. — Prenez un lapereau, videz-le, puis coupez-le par morceaux, faites roussir dans une casserole un bon morceau de beurre, jetez-y vos morceaux de lapin, et laissez-les cuire à feu vif, pendant 10 minutes, en ayant soin d'agiter la casserole fortement et dans tous les sens. Retirez sur le côté du feu,

ajoutez poivre, sel, thym, laurier, un peu de
farine, mouillez de moitié bouillon et moitié vin
blanc, remettez cuire à bon feu pendant un
quart-d'heure, puis servez avec la sauce que vous
aurez soin de passer.

Lapereaux rôtis. — Dépouillez, puis videz vos
lapereaux, en laissant le foie. Entourez-les d'une
tranche de lard, ficelez-les, et faites-les rôtir
au four pendant une demi-heure en arrosant de
beurre fondu pendant la cuisson. Dressez-les
sur un plat. Servez avec leur jus.

Le lapereau rôti se mange également avec
une sauce poivrade.

Lapereau sauté. — Il se prépare comme le
lapin sauté.

MACREUSE

Macreuse au naturel. — Plumez et videz.
Mettez-la dans une casserole avec du vin blanc,
sel, poivre, laurier, clous de girofle et un bon
morceau de beurre. Laissez-la cuire pendant
environ 4 heures à petit feu. Dressez sur un
plat et servez avec la sauce que vous aurez eu
soin de passer.

La macreuse, variété du canard sauvage, est
regardée comme un aliment maigre.

Macreuse rôtie. — Plumez et videz, remplissez
le corps d'une pâte de mie de pain, maniée de
jaunes d'œufs, de sauge et de beurre frais, salez
et poivrez, puis mettez au four pendant 25

minutes, en ayant soin d'arroser avec son jus pendant la cuisson. Servez avec le jus.

MERLE

Merles. — Les merles se préparent et s'accommodent de la même manière que les grives.

MAUVIETTE

Mauviettes rôties. — Plumez et videz-les ; ensuite entourez-les d'une mince bande de lard, et faites rôtir au four pendant 6 à 7 minutes.

Servez-les avec leur jus, sur de petites tranches de pain grillées.

ORTOLAN

Ortolan. — Ce petit oiseau très délicat se mange rôti au four. Il doit être bardé de lard et demande une dizaine de minutes de cuisson. Servir sur une tranche de pain grillée avec le jus.

PLUVIER

Pluviers rôtis. — Plumez, flambez et troussez vos pluviers sans les vider.

Entourez-les d'une mince bande de lard saupoudrée de poivre et de sel, et mettez-les au four pendant 20 minutes environ. Servez-les sur des rôties avec leur jus.

PERDREAUX

Perdreaux rôtis. — Flambez, videz, puis trous-sez-les. Recouvrez d'une bande de lard, faites cuire au four, à feu vif, pendant une vingtaine de minutes ; trop cuits, ils perdent de leur saveur. Servez-les avec le jus et un citron.

Perdrix aux choux. — Plumez, videz, et flam-bez une perdrix. Troussez-la ensuite, et faites revenir dans une casserole avec un bon morceau de beurre et un peu de farine. Mouillez d'un verre de bouillon, puis ajoutez : poivre, sel, thym, laurier, 2 clous de girofle et laissez mijoter quelque temps. Prenez une autre casserole dans laquelle vous mettrez un chou coupé en quatre, 2 carottes, un morceau de petit salé, un saucis-son cru, et une quantité suffisante d'eau. Au bout d'une heure de cuisson, retirez le chou, égouttez-le bien, et mettez-le ainsi que les carottes, le petit salé et le saucisson dans la casserole où cuit votre perdrix. Salez, poivrez, et laissez cuire pendant un bon quart d'heure encore. Servez en disposant la viande et les légumes, d'une manière agréable à l'œil, sur un plat chauffé à l'avance.

Perdrix en daube. — Videz, flambez et trous-sez vos perdrix. Piquez-les de fins lardons assaisonnés de sel et de poivre et mettez-les dans une casserole avec 2 oignons, carotte, bou-quet garni. Mouillez le tout de moitié bouillon et moitié vin blanc, et laissez cuire à feu doux pendant 2 heures. Dressez les perdrix sur un plat et par-dessus, le jus que vous aurez eu soin de passer.

Salmis de perdreaux. — Laissez refroidir un perdreau rôti, puis découpez-le. Brisez la carcasse, et mettez les os dans une casserole avec un morceau de beurre frais. Laissez revenir pendant quelques minutes, puis ajoutez : sel, poivre et muscade râpée. Mouillez de moitié vin blanc et moitié Madère, laissez bouillir le tout, et réduire de moitié. Passez ensuite. Dans cette sauce, mettez les membres du perdreau, ajoutez à volonté des champignons cuits d'avance, puis laissez chauffer sans bouillir.

Dressez les morceaux sur des croûtons frits et beurrés, la sauce par-dessus.

Tout gibier se prépare ainsi en salmis, de la même manière.

POULES D'EAU

Poules d'eau à la comtoise. — Plumez et videz-les. Coupez-les en quatre et passez-les à l'eau bouillante pour les faire blanchir.

Prenez ensuite une casserole, mettez-y vos morceaux de poule avec un peu de beurre frais, mouillez-les de vin blanc et de bouillon, ajoutez une carotte, thym, laurier, sel et poivre, et laissez cuire à petit feu pendant une bonne heure. Dix minutes avant de servir, ajoutez à volonté quelques champignons cuits à part dans un morceau de beurre.

SARCELLES

Sarcelle rôtie. — Plumez-la bien, puis flambez-la. Entourez-la ensuite d'une mince bande de lard, saupoudrez de sel et de poivre, et mettez-la au four pendant une demi-heure environ, en l'arrosant de son jus pendant la cuisson.

SANGLIER

Filet de sanglier chasseur. — Prenez un filet de sanglier, enlevez-en les parties qui le déparent, puis faites-le mariner pendant deux jours dans du fort vinaigre aromatisé de gros poivre, sel, oignons en tranches, thym et laurier.

Retirez le filet, égouttez-le bien, puis mettez-le dans une casserole avec un morceau de beurre, tranches de lard, oignons, carottes, sel et poivre. Faites revenir un instant. Mouillez de moitié bouillon et moitié vin blanc.

Laissez-le cuire doucement pendant deux heures, et servez-le avec une sauce piquante.

Côtelettes de sanglier à la Saint-Hubert. — Mettez un morceau de beurre dans une casserole, puis vos côtelettes. Laissez cuire à feu ardent en remuant la casserole. Ajoutez sel et poivre. Retournez les côtelettes, afin qu'elles soient également cuites des deux côtés, puis dressez-les sur un plat. Ajoutez un verre de vin blanc au jus qui est demeuré dans la casserole, laissez bouillir quelques minutes, puis versez cette sauce sur les côtelettes.

IX. — LA VOLAILLE

CANARDS

Canard aux navets. — Prenez des petits navets ; pelez-les bien, puis mettez-les roussir dans une casserole avec un morceau de beurre. Une fois bien roux, retirez-les. Dans le même beurre, et dans la même casserole, faites revenir votre canard.

Pendant ce temps, faites un roux avec du beurre frais et mouillez avec du bouillon. Mettez votre canard dans ce roux, ajoutez : poivre, sel, thym, laurier, et laissez cuire à petit feu pendant une demi-heure. Puis ajoutez vos navets, et laissez cuire trois quarts-d'heure encore. Dressez ensuite le canard sur un plat, disposez les navets à l'entour et couvrez avec la sauce.

Canard rôti. — Plumez, videz et flambez un canard. Entourez-le ensuite d'une mince bande de lard saupoudrée de sel et de poivre, puis mettez-le au four pendant environ 40 minutes, en ayant soin de l'arroser d'un peu de bouillon pendant la cuisson.

Servez sur un plat et le jus à part.

Canard aux petits pois. — Mettez dans une casserole avec un morceau de beurre quelques dés de lard ; faites-les revenir blonds, saupoudrez-les d'un peu de farine en remuant avec une cuiller et laissez cuire quelques minutes. Mouillez avec du bouillon ; ajoutez votre canard et vos petits pois verts.

Salez, poivrez ; ajoutez thym et laurier, et laissez cuire le tout à petit feu pendant une heure environ.

Canard Rouennaise. — Faites rôtir un canard à feu vif, dans le four, pendant 20 minutes environ, puis retirez-le. Mettez sur le plat où vous comptez le servir une pincée d'échalotes hachées menu, et un morceau de beurre frais, mouillez d'un verre de vin rouge, ajoutez poivre, sel et une pincée des 4 épices.

Mettez le plat au four, et laissez réduire de moitié, retirez le canard, tenez-le au chaud, écrasez le foie, ajoutez-le à la sauce, faites chauffer en tournant et servez à part.

Canard en salmis. — Faites fondre dans une casserole un morceau de beurre manié de farine, en ayant soin de ne pas laisser roussir ; ajoutez un verre à vin de bouillon, et autant de vin rouge, une échalote, un bouquet garni, poivre et sel.

Laissez bouillir pendant 25 à 30 minutes ; pendant ce temps découpez un canard que vous avez fait rôtir ou qui a été rôti la veille et faites chauffer dans cette sauce les membres en évitant de laisser bouillir. Ensuite, dressez sur un plat, dont vous aurez garni le fond de tranches de pain grillées, passez votre sauce, et versez-la sur le plat.

Pâté de foies de canard. — Ayez une demi-douzaine de foies de canard, retirez-en l'amer, puis lavez-les. Ceci fait, mettez-les sur le feu, dans une casserole avec de l'eau froide ; au premier bouillon retirez-les, égouttez-les, laissez-les refroidir.

Mélangez ensuite une livre environ de foie de veau coupé en dés à même quantité de panne de porc fondue. Ajoutez à ce mélange quelques truffes émincées, poivre, sel, 4 épices et persil haché.

Mettez le tout à feu vif pendant quelques minutes en remuant.

Retirez du feu, ajoutez 3 jaunes d'œufs crus, et remuez fortement de façon à former une pâte.

Lavez et pelez quelques belles truffes, coupez-les en morceaux, piquez-en vos foies de canard. Saupoudrez-les ensuite de poivre et de sel.

Ceci fait, prenez une terrine de grandeur convenable, garnissez-en le fond d'une couche épaisse de votre farce, et dressez par-dessus la moitié de vos foies, recouvrez-les d'une nouvelle et épaisse couche de farce, puis ajoutez le restant des foies. Recouvrez le tout de ce qui vous reste de farce, puis terminez par une bande de lard. Fermez votre terrine et faites cuire pendant 3 heures au bain-marie.

DINDONS

Dindon rôti. — Prenez un dindon, jeune, blanc, et gras. Plumez et videz-le. Entourez-le

ensuite d'une bande de lard saupoudrée de sel
et de poivre et mettez-le au four pendant
1 heure 1/2. Il faut avoir soin de l'arroser avec
son jus, de temps à autre, pendant la durée de
la cuisson. Servez bien chaud, le jus à part.

Dinde rôtie au cresson. — Faites rôtir la dinde
comme il est dit ci-dessus, puis dressez-la sur
un plat et mettez autour du cresson bien épluché, lavé, égoutté et assaisonné d'un peu de
vinaigre et de sel.

Dinde rôtie aux marrons. — Plumez, videz et
flambez la dinde, emplissez-la de marrons grillés bien nettoyés, ajoutez sel et poivre, puis
mettez-la pendant une heure et demie au four.
Dressez-la sur un plat, et servez le jus à part.
On peut aussi faire revenir le foie de la dinde
dans du beurre, le hacher menu, puis le pétrir
avec des marrons cuits sous la cendre, et mettre
cette pâte, mélangée de poivre et de sel, dans
l'intérieur de l'animal.

Dinde truffée. — Prenez une belle dinde,
plumez, videz et flambez-la. Prenez ensuite 2 ou
3 livres de truffes suivant la grosseur de la
dinde, et environ une livre de lard.

Lavez bien vos truffes, épluchez-les, et hachez
une poignée des moins belles, hachez aussi
votre lard. Mettez le tout dans une casserole.
Ajoutez : poivre, sel, 4 épices, et les pelures de
vos truffes.

Laissez cuire à petit feu pendant une demi-heure. Retirez vos truffes, faites-les sauter à feu vif, dans du beurre, puis mettez-les refroidir. Introduisez alors dans la dinde les truffes entières et le hachis que vous avez préparé, recousez les ouvertures, et laissez-la reposer ainsi, au moins trois jours, avant de la faire cuire. De cette façon, elle prendra le parfum des truffes.

Bardez-la ensuite d'une belle bande de lard, et mettez pendant 2 heures au four à feu vif. Arrosez souvent pendant la cuisson.

La dinde bien cuite, dressez-la sur un plat et servez à part la sauce composée du jus de la dinde, dans lequel on aura fait bouillir pendant cinq minutes, quelques truffes hachées menu.

Dinde braisée. — Garnissez le fond d'une casserole de minces tranches de lard, oignons et carottes en tranches ; et placez votre dinde dessus, après l'avoir vidée et flambée. Fermez bien la casserole et faites cuire à feu vif Dès que les légumes commenceront à s'attacher à la casserole, mouillez de bouillon en quantité nécessaire. Ajoutez poivre, thym, laurier, une branche d'estragon et 2 clous de girofle. Laissez mijoter pendant au moins 3 heures en retournant souvent. Après parfaite cuisson, dressez la dinde sur un plat, et versez la sauce dessus, après avoir eu soin de la passer.

Abatis de dinde. — Mettez dans une casserole un morceau de beurre et faites-y revenir : le foie, le gésier, les ailerons, le cou et les pattes d'une dinde.

Ajoutez-y quelques dés de lard que vous laisserez revenir également. Ensuite, retirez le tout, ne laissant que le jus auquel vous ajouterez une cuillerée de farine, faites bien roussir, puis mouillez d'un peu d'eau. Salez, poivrez, joignez 2 clous de girofle, thym, laurier, remettez vos abatis, et laissez mijoter pendant une bonne heure ; puis ajoutez quelques navets, un pied de céleri coupé en morceaux et deux carottes en tranches. Faites cuire pendant une heure encore, et servez bien chaud.

OIE

Abatis d'oies. — Ils se préparent comme ceux de la dinde.

Confits d'oie. — Faites cuire au four une ou plusieurs oies bien grasses. Employez des plats assez profonds afin de pouvoir recueillir la graisse.

Retirez du four aux 3/4 de la cuisson, laissez refroidir, puis enlevez les ailes, les filets et les cuisses. Rangez ces morceaux dans une terrine, en les mélangeant de sel pilé et de quelques feuilles de laurier. Par-dessus tout, versez bien chaude la graisse d'oie mélangée à du saindoux. Laissez refroidir, puis couvrez la terrine d'un morceau de parchemin bien ficelé.

Ces conserves, très en vogue dans le midi, sont une précieuse ressource dans les ménages. Quand on veut s'en servir, on prend les premiers morceaux qui se présentent et on les accommode avec une sauce piquante.

Oie rôtie. — Videz une oie, puis flambez-la. Mettez-lui dans le corps : poivre, sel et 2 feuilles de sauge ; faites rôtir à feu vif pendant une heure 1/2 environ. Arrosez-la de son jus pendant la cuisson ; puis dressez-la sur un plat.

Le jus bien dégraissé, assaisonné de citron, se sert à part.

Oie farcie aux marrons. — Préparez votre oie comme ci-dessus, puis faites griller des marrons. Pelez-les, puis hachez-les menu. Joignez-les à de la chair à saucisse, salez et poivrez et remplissez l'oie de cette farce. Faites rôtir au four pendant 2 heures.

Le jus de l'oie, aiguisé d'un peu de jus de citron, donne une sauce excellente.

Oie en daube. — Prenez une belle oie, et mettez-la dans une casserole avec un jarret de veau coupé en morceaux, carottes et oignons en tranches, bouquet garni, sel, poivre ; ajoutez quelques tranches de lard. Mouillez de moitié bouillon, moitié vin blanc, et laissez cuire à feu doux pendant 4 heures. Une fois bien cuite, enlevez l'oie, et passez la sauce au tamis.

L'oie en daube se mange froide. Dressez sur un plat et versez la sauce, qui se prendra en gelée, à l'entour.

PIGEONS

Pigeons rôtis. — Plumez et videz-les. Enveloppez-les ensuite d'une bande de lard saupoudrée de sel et de poivre et mettez-les pendant 30 minutes au four en les arrosant de leur jus. Ils se servent seuls ou avec du cresson — le jus à part.

Pigeons aux petits pois. — Mettez un bon morceau de beurre dans une casserole et faites revenir vos pigeons. Ajoutez quelques dés de lard, faites-les revenir également, puis salez et poivrez. Ajoutez thym, laurier, et laissez mijoter. Dans une casserole à part, mettez un morceau de beurre ; celui-ci fondu, jetez-y vos petits pois, un oignon haché menu, poivre et sel.

Mouillez d'un peu de bouillon, et après un quart d'heure, versez les pois avec leur jus sur les pigeons. Laissez mijoter le tout pendant une bonne demi-heure, puis servez.

Pigeons en compote. — Videz, puis flambez vos pigeons. Coupez quelques petits dés de lard de poitrine, et faites-les revenir dans une casserole avec un bon morceau de beurre et quelques petits oignons. Retirez le lard et les oignons et mettez vos pigeons dans le jus ; laissez revenir. Mouillez d'un peu de bouillon et d'un peu de vin blanc, ajoutez : sel, poivre, thym, laurier. Faites cuire pendant une demi-heure, puis remettez le lard et les petits oignons. Laissez mijoter pendant une heure encore, puis servez.

Pigeons à la crapaudine. — Plumez et videz un pigeon bien jeune, fendez-le en deux, en longueur par le dos. Ceci fait, coupez le bout des ailes et les pattes.

Mettez ensuite les deux moitiés du pigeon dans une casserole avec un bon morceau de beurre, et faites revenir à feu vif pendant 5 minutes en remuant fortement. Retirez-les, trempez-les dans du beurre fondu, salé et poivré ; saupoudrez-les de mie de pain, et mettez-les quelques minutes sur le gril à feu bien clair. Servez avec une sauce piquante.

Pigeons aux pointes d'asperges. — Procédez comme pour les pigeons aux petits pois, mais comme il faut moins de temps pour cuire les pointes d'asperges que pour cuire les petits pois, il ne faudra les joindre aux pigeons que quand ceux-ci seront presque cuits. Il est bien entendu qu'il faut avant tout faire blanchir les pointes d'asperges.

Pâté de pigeons. — Vos pigeons préparés, remplissez-les d'une farce faite de moitié chair à saucisse, moitié mie de pain, poivre, sel, une prise de muscade et 2 jaunes d'œufs crus.

Garnissez ensuite le fond d'une terrine de bardes de lard, rangez vos pigeons par-dessus ; saupoudrez-les d'une pincée des 4 épices, et recouvrez le tout d'une bande de lard ; fermez la terrine et mettez au four pendant 2 heures ; servez ce pâté froid.

POULES ET POULETS

Fricassée de poulets. — Prenez un ou deux poulets, selon le nombre de convives, puis cou-

pez-les par morceaux bien proprement. Faites
blanchir ces morceaux en les passant à l'eau
bouillante pendant quelques minutes. Passez-les
ensuite au beurre frais, sans laisser roussir, ajoutez une pincée de farine, et mouillez avec du
bouillon. Ajoutez : un petit oignon piqué de 2
clous de girofle, sel, poivre, thym et laurier, et
laissez mijoter à feu doux pendant une heure.

Dressez les morceaux sur un plat, liez la
sauce avec un jaune d'œuf, un peu de lait ou
de crême, un filet de vinaigre ou un jus de
citron, faites chauffer en tournant et servez.

Poule au pot. — Mettez dans la marmite la
viande convenable pour faire le pot-au-feu, écu-
mez-le, puis ajoutez-y les légumes nécessaires.
Mettez-y alors votre poule vidée et nettoyée
avec soin. Laissez cuire doucement, et servez
avec les légumes après avoir saupoudré la
poule de gros sel. Le bouillon que l'on obtient
ainsi est excellent.

Au lieu de manger la poule au gros sel, on
peut aussi la servir avec une sauce blanche.

Poule au riz. — Prenez une poule, videz-la,
puis troussez-la. Passez du riz à l'eau bouillante
pendant une dizaine de minutes, puis mettez-le
dans une casserole avec la poule. Ajoutez poivre, sel, et mouillez de quantité suffisante de
bouillon. La poule cuite, ce qui demande environ 3 heures, retirez-la, et dressez-la sur un plat.
Dégraissez le riz, et versez-le sur la volaille.

Poularde truffée. — Opérez exactement comme pour la dinde, seulement laissez-la cuire moins longtemps et mettez une plus petite quantité de truffes.

Poulet rôti. — Plumez, videz et troussez votre poulet. Salez et poivrez-en l'intérieur, puis entourez-le d'une bande de lard et mettez-le au four avec un bon morceau de beurre.

Retournez-le pendant la cuisson, et arrosez-le de son jus.

Il faut 35 à 40 minutes pour le cuire.

Le poulet rôti se sert seul ou avec du cresson, assaisonné de sel et d'un peu de vinaigre. La sauce à part.

Poulet au jus. — Plumez et videz votre poulet. Entourez-le d'une bande de lard saupoudrée de poivre et sel, puis mettez-le dans la casserole avec un morceau de beurre. Faites prendre couleur de chaque côté ; puis après, mouillez d'un peu de bouillon, et laissez cuire doucement pendant 3/4 d'heure. Dressez le poulet sur un plat, et servez avec le jus qui vous donne une bonne sauce.

Poulet à l'estragon. — Prenez une dizaine de feuilles d'estragon, hachez-les menu puis maniez-les avec un morceau de beurre frais, poivre et sel. Mettez cette pâte dans le corps du poulet dont vous aurez soin de recoudre l'ouverture. Ensuite entourez le poulet d'une bande de lard, puis mettez-le dans une casserole et mouillez avec de l'eau et du bouillon de manière qu'il baigne à moitié. Ajoutez : thym, oignon et un clou de girofle. Laissez cuire doucement pendant une heure ; retirez le thym et l'oignon, et avant de servir, liez la sauce avec un jaune d'œuf.

Poulet à l'anglaise. — Faites bouillir de l'eau, salez-la, ajoutez une carotte coupée en morceaux, une tige de céleri, un oignon. Laissez bouillir à petit feu, jusqu'à ce que la poule soit bien cuite, ce que vous reconnaîtrez aux ailerons qui devront céder sous la pression du doigt. Servez avec une sauce blanche ou une purée de marrons.

Poulet à la Marengo. — Mettez dans une casserole un bon morceau de beurre, sel et poivre. Laissez chauffer, puis placez-y votre poulet que vous aurez découpé par morceaux, faites prendre couleur à feu vif, en bien remuant la casserole.

Laissez ensuite aller à petit feu pour achever la cuisson. Quand le poulet est presque cuit, ajoutez un verre de vin blanc, ciboules et persil hachés menu, champignons en morceaux, sel et poivre. Laissez bouillir pendant 1/4 d'heure en ajoutant un peu de vin si la sauce diminuait trop. Ceci fait, dressez vos morceaux de poulet sur un plat, et couvrez-les de la sauce. On peut ajouter un peu de jus de citron.

Poulet à la Sainte-Menehould. — Mettez dans une casserole avec un morceau de beurre un poulet bien troussé. Ajoutez : un verre de vin blanc, ciboules, poivre, sel, thym, laurier,

2 clous de girofle, laissez cuire doucement pendant une heure, puis ajoutez un peu de farine pour lier la sauce. Retirez le poulet, passez-le dans l'œuf battu ; saupoudrez-le de mie de pain, puis mettez-le au four jusqu'à ce qu'il ait pris une belle couleur. Servez avec une sauce piquante.

Terrine de poulets paysanne. — Garnissez le fond d'une terrine de bandes de lard, ajoutez quelques rouelles d'oignon, et une pincée d'échalotes hachées. Par-dessus, placez quelques morceaux de votre poulet que vous aurez eu soin de dépecer proprement, puis quelques tranches de lard, des rouelles d'oignons et des échalotes hachées ; disposez au-dessus des morceaux de poulet et continuez ainsi en assaisonnant chaque couche d'un peu de sel et poivre, et d'une pincée des 4 épices.

Fermez hermétiquement la terrine, et mettez-la au four pendant une bonne heure. Laissez refroidir et servez.

Waterzooi de poulets. — Prenez quelques petits poulets ; videz-les bien, puis passez à l'eau les cous, les pattes et les géziers.

Mettez alors les poulets dans une marmite avec de l'eau en quantité suffisante, ajoutez-y : quelques racines de persil, 2 oignons, thym, laurier, poivre et sel et quelques biscuits de Bruxelles. Laissez bouillir pendant 3 heures, puis retirez les poulets, passez le jus au tamis, en pressant bien. Remettez le jus au feu, et sur le point de bouillir, mettez-y vos poulets en les coupant en deux, ajoutez un bon morceau de beurre, laissez cuire une heure environ, puis servez bien chaud.

———◆———

X. — LES LÉGUMES

ASPERGES

Asperges à la sauce blanche. — Prenez des asperges, ratissez-les, puis formez-en de petites bottes de 7 à 8. Coupez-les de même longueur, liez-les ensuite avec du fil, et mettez-les cuire à l'eau bouillante légèrement salée.

On s'assure de leur cuisson en les piquant avec une fourchette; il est préférable de les retirer de l'eau un peu croquantes.

Les asperges se servent aussi chaudes que possible, soit avec une sauce blanche, soit avec du beurre frais fondu, soit avec une vinaigrette.

Dans certains pays on sert avec les asperges des œufs cuits durs coupés en deux.

Asperges à l'italienne. — Prenez la partie tendre des asperges et faites-les cuire à l'eau bouillante légèrement salée. Prenez ensuite un plat creux allant au four, couvrez-en le fond d'une couche de fromage de Gruyère râpé et de beurre, puis par-dessus, une couche d'asperges; continuez ainsi, en finissant par le fromage et

le beurre. Mettez pendant 20 minutes environ
au four, pour faire prendre une belle couleur,
servez chaud.

Pointes d'asperges en petits pois. — Prenez
la partie tendre d'asperges vertes, coupez-la en
petits morceaux, passez-les quelques minutes à
l'eau bouillante légèrement salée, puis laissez
égoutter.

Ceci fait, mettez un morceau de beurre dans
une casserole, joignez-y vos asperges, ajoutez
une cuillerée de farine, et mouillez d'un peu de
bouillon. Après avoir laissé bouillir pendant une
dizaine de minutes, liez avec un jaune d'œuf
et servez.

Pointes d'asperges au jus. — Faites fondre un
morceau de beurre dans la casserole, mettez-y
des pointes d'asperges, laissez cuire quelques
minutes à feu vif en remuant bien. Ajoutez :
poivre, sel, persil et cerfeuil haché menu, mouillez d'un peu de bouillon. Après dix minutes
de cuisson à feu doux, servez avec du jus
de rôti.

Ragoût d'asperges. — Prenez des asperges,
coupez-les en morceaux et faites-les cuire dans
de l'eau salée. A moitié de la cuisson, retirez-les.
Mettez dans une casserole un bon morceau de
beurre, persil et oignons hachés menu. Mouillez
d'un peu d'eau ou de bouillon, salez, poivrez,
ajoutez un peu de muscade râpée et un peu de
farine ; mélangez bien, puis laissez mijoter pendant environ dix minutes, mettez-y vos asper-

ges, laissez bouillir pendant une quinzaine de minutes, puis servez.

Asperges conservées. — Les asperges se conservent ordinairement dans des bouteilles à large ouverture.

Il suffit d'enlever le bouchon, et de laver les asperges à l'eau tiède, puis de les passer pendant quelques minutes à l'eau fraîche.

Les asperges conservées se préparent alors comme les asperges nouvelles.

ARTICHAUTS

Artichauts à la sauce. — Prenez des artichauts bien tendres. Coupez les tiges, les quelques premières feuilles du dessous, et l'extrémité de celles du dessus. Ceci fait, prenez une casserole, mettez-y de l'eau, du sel et du poivre, puis placez-y vos artichauts sur la pointe. Couvrez hermétiquement la casserole et faites bouillir. Lorsqu'en tirant sur une feuille, elle se détache, vous pourrez égoutter vos artichauts, ils sont cuits. Servez-les bien chauds avec une sauce blanche à part.

On peut aussi manger les artichauts avec une sauce à l'huile et au vinaigre.

Artichauts à la Barigoule. — Préparez vos artichauts comme il a été dit, puis passez-les à l'eau bouillante pendant un quart-d'heure. Enlevez le foin qui se trouve à l'intérieur, et remplacez-le par un hachis de chair à saucisses, champignons, fines herbes, sel et poivre. Ceci fait, ficelez bien les artichauts ainsi farcis ; placez-les dans une casserole, dont vous aurez eu soin de garnir le fond de tranches de lard, joignez un morceau de beurre, laissez mijoter jusqu'à entière cuisson, servez bien chauds.

Artichauts aux tomates. — Prenez des artichauts, coupez-les en quatre, ôtez-en le foin. A mesure que vous les épluchez, jetez-les dans de l'eau froide à laquelle vous aurez joint un filet de vinaigre.

Prenez alors une casserole, et faites-y revenir avec un bon morceau de beurre quelques dés de lard et quelques petits oignons, ajoutez-y vos artichauts bien égouttés, puis laissez mijoter pendant 3 heures environ. Prenez quelques belles tomates, et après en avoir extrait le jus en les pressant fortement, passez ce jus au tamis, puis versez-le sur les artichauts. Ajoutez ensuite un peu de sel, une pincée de poivre de Cayenne, un peu de bouillon et laissez cuire quelques minutes encore.

AUBERGINES

Aubergines sur le gril. — Prenez des aubergines bien mûres ; pelez-les, puis coupez-les en deux dans la longueur. Saupoudrez-les de poivre et de sel, trempez-les dans de la bonne huile d'olive, laissez-les mariner pendant environ 20 minutes, faites-les passer sur le gril pendant quelques minutes en les arrosant de la marinade.

Aubergines farcies. — Pelez-les, puis coupez-les en deux comme il vient d'être dit. Ceci fait, garnissez-les d'une farce de viande et de mie de pain, salée et poivrée. Trempez-les dans le beurre fondu, saupoudrez-les de mie de pain et mettez-les au four pendant 25 minutes en les arrosant de beurre fondu.

Aubergines à la poulette. — Mettez dans la casserole un morceau de beurre manié de farine, mouillez d'un peu de bouillon ; mettez-y vos aubergines et faites bouillir à feu vif. Retirez du feu, liez la sauce avec un jaune d'œuf, ajoutez un filet de vinaigre, puis servez.

CARDONS

Cardons au maigre. — Coupez les tiges par morceaux de 10 centimètres, épluchez-les bien, ainsi que les racines qui sont la partie la plus délicate. Jetez-les dans de l'eau fraîche mêlée d'un peu de vinaigre. Egouttez-les, puis faites cuire à l'eau bouillante bien salée.

Lorsqu'ils fléchissent sous le doigt, ils sont cuits. Servez avec une sauce blanche, une béchamel, ou une sauce à la poulette.

Cardons au gras. — Préparez-les comme ci-dessus, et servez avec une sauce blonde au bouillon.

Cardons au gratin. — Mettez du beurre dans le fond d'un plat, puis une mince couche de mie de pain. Rangez dessus les cardons, saupoudrez-les aussi de mie de pain ; arrosez d'un peu de beurre fondu, mettez le plat au four pendant 25 minutes environ et servez brûlant.

CAROTTES

Carottes à la ménagère. — Ratissez, lavez, puis coupez les carottes en ronds ; mettez-les cuire dans moitié bouillon, moitié vin blanc. Salez, poivrez, ajoutez : thym et laurier.

Quand les carottes sont cuites, ajoutez un morceau de beurre manié d'un peu de farine. Laissez encore bouillir pendant 10 minutes, puis servez bien chaud.

Carottes à la maître-d'hôtel. — Nettoyez-les, et coupez-les comme il a été dit plus haut. Mettez-les cuire à l'eau bouillante, puis égouttez-les et faites-les revenir à feu vif avec un bon morceau de beurre, persil haché fin, sel et poivre.

Carottes au beurre. — Vos carottes bien préparées, faites-les blanchir à l'eau bouillante pendant quelques minutes, puis mettez-les dans une casserole avec du beurre, du sel, du lait et un peu de sucre. Quand elles seront presque cuites, ajoutez : du beurre, des fines herbes et un peu de lait s'il est nécessaire.

CÉLERIS

Céleris à l'espagnole. — Les éplucher, les couper en morceaux, puis les faire cuire à l'eau

bouillante avec du sel. Les égoutter, et les
faire bouillir 20 minutes environ dans un roux
mouillé de bouillon.

Céleris frits. — Une fois bien nettoyés coupez-les en deux, faites-les mariner dans du sel
et un filet de vinaigre, les passer dans une pâte,
puis les faire frire.

CHICORÉES

Chicorées au jus. — Laissez vos chicorées entières, passez-les à l'eau bouillante pendant
quelques minutes, puis égouttez-les. Ceci fait,
fendez-les en deux, assaisonnez-les de poivre
et sel, liez-les, et mettez-les cuire dans du bouillon, ajoutez thym et laurier. Le bouillon entièrement réduit, retirez vos chicorées, déliez-les, et
dressez-les sur un plat.

Les chicorées se mangent avec une sauce faite
d'un roux, mouillé de bouillon ou de jus.

Chicorées à la crème. — Les faire blanchir
en les passant quelques minutes à l'eau bouillante, puis les hacher, les passer au beurre en y
ajoutant de la crème. Joignez un peu de muscade, tournez bien la sauce, laissez cuire une
vingtaine de minutes, puis servez.

CHOUX

Choux nature. — Faites-les bien blanchir, en
les passant à l'eau bouillante pendant quelques
minutes.

Nettoyez-les bien, enlevez les grosses côtes, les trognons, et les feuilles extérieures qui sont vertes et dures. Il faut ordinairement 25 minutes pour la cuisson d'un jeune chou, il faut 1 heure environ quand il est gros, et bien serré. Il est bon d'ajouter à l'eau salée un peu de sel de soude, pour rendre les choux bien tendres.

Chou farci. — Votre chou préparé comme il est dit ci-dessus, écartez-en les feuilles du milieu, et introduisez-y de la chair à saucisse mêlée de jaunes d'œufs, poivre et sel. Ficelez bien votre chou, couvrez-le de bandes de lard, et mettez-le dans une casserole avec un peu de beurre, 2 oignons piqués de 2 clous de girofle, muscade râpée, thym, laurier, poivre, sel, et mouillez avec du bouillon. Laissez mijoter pendant 4 heures, ôtez avec soin les ficelles et servez le chou tout entier sur un plat en l'arrosant de sa cuisson.

Chou au lard. — Préparez bien votre chou, puis coupez-le en trois ou quatre morceaux d'égale grosseur. Mettez-les dans la marmite avec un saucisson, et un morceau de petit-salé. Mouillez avec de l'eau en quantité nécessaire, poivrez et salez.

Laissez bouillir pendant une bonne demi-heure, puis continuez la cuisson à feu doux pendant 1 heure ½. Servez le chou, couvrez-le du petit salé et du saucisson coupé en tranches, et par-dessus tout, versez la cuisson.

Choux de Bruxelles. — Prenez des choux de

Bruxelles, ôtez-en les premières feuilles, puis passez-les à l'eau bouillante pendant 5 minutes. Mettez-les cuire ensuite à l'eau bouillante salée pendant 25 minutes. Ceci fait, égouttez-les avec soin, puis mettez-les dans une casserole avec un fort morceau de beurre, poivre, sel et muscade râpée.

Laissez mijoter pendant une dizaine de minutes, et servez.

Choux brocolis. — Faites cuire vos choux à l'eau bouillante salée, égouttez-les, puis servez-les avec une sauce au beurre un peu vinaigrée, poivre et sel.

Choucroûte. — Vous achetez la choucroûte toute préparée et la lavez deux ou trois fois, en changeant l'eau chaque fois. Mettez-la ensuite dans une casserole avec un cervelas, un morceau de lard, un peu de saindoux, et mouillez de moitié bouillon et moitié vin blanc.

Faites cuire pendant 5 heures à petit feu et ajoutez quelques grains de genévrier.

CHOUX ROUGES

Chou rouge. — Prenez un chou rouge bien pommé et de couleur foncée, débarrassez-le des côtes et du trognon, puis coupez-le en filets très minces.

Ceci fait, mettez dans une casserole un bon morceau de beurre, ajoutez-y votre chou et arrosez de bouillon et d'un filet de vinaigre.

Salez, poivrez, et laissez cuire à petit feu pendant 3 heures.

Servez bien chaud. On ajoute parfois quelques pommes bien pelées et coupées en tranches minces.

CHOUX-FLEURS

Choux-fleurs. — Epluchez, lavez et faites-les cuire à l'eau bouillante salée pendant un quart-d'heure environ.

Egouttez-les bien, et servez-les chauds avec une sauce blanche, ou froids, à l'huile et au vinaigre.

Choux-fleurs au fromage et au gratin. — Faites cuire vos choux-fleurs comme il vient d'être dit, puis mettez-les dans un plat creux allant au four, couvrez-les d'une sauce blanche. Saupoudrez-les de fromage de Gruyère râpé. Arrosez ensuite de beurre fondu et faites gratiner au four et à bon feu pendant un quart-d'heure.

Choux-fleurs à la crême. — Faites-les cuire à l'eau bouillante salée pendant 20 à 25 minutes, après les avoir bien épluchés et lavés.

Mettez du beurre dans une casserole, une bonne cuillerée de farine, mouillez avec du lait bouilli, ajoutez : muscade râpée, sel et poivre. Faites cuire la sauce pendant 5 minutes, liez-la ensuite avec un jaune d'œuf, en la tournant ; retirez vos choux-fleurs, égouttez-les, et au moment où la sauce entre en ébullition, versez-la sur les choux-fleurs.

CHAMPIGNONS

Ne faites usage que de *champignons bien frais et cultivés sur couches*, puis, avant de les faire cuire, ayez soin d'enlever la terre qui les couvre, de bien les éplucher, de les laver à l'eau froide et de les mettre tremper pendant quelques minutes dans de l'eau salée et vinaigrée.

Champignons au four. — Epluchez de gros champignons, ôtez-en les tiges, puis dans le creux de chacun, mettez un morceau de beurre, sel et poivre.

Laissez-les cuire au four pendant une demi-heure en les arrosant de leur jus pendant la cuisson.

Champignons sautés au beurre. — Epluchez-les bien, puis coupez-les en deux ou en quatre suivant la grosseur, jetez-les dans l'eau vinaigrée, retirez-les, égouttez-les, puis laissez-les cuire à feu vif pendant un quart-d'heure dans une casserole avec un bon morceau de beurre frais, sel, poivre et fines herbes.

Remuez fortement la casserole pendant la cuisson, et servez bien chaud.

Champignons sur le gril. — Prenez de gros champignons, pelez-les, puis ôtez-en les tiges. Faites-les rôtir sur le gril à feu doux pendant un quart-d'heure environ. Retirez-les, dressez-les sur un plat, et dans le creux de chacun, mettez un morceau de beurre frais, fines herbes, sel et poivre.

Champignons à la poulette. — Epluchez-les, et coupez-les, s'ils sont gros. Faites-les revenir avec un bon morceau de beurre, ajoutez un peu de farine, persil haché, sel et poivre. Mouillez d'un peu de bouillon et laissez cuire pendant 25 minutes.

Liez avec un jaune d'œuf et un peu de vinaigre, puis servez bien chaud.

CONCOMBRES

Concombres en salade. — Pelez vos concombres. Coupez-les en tranches minces que vous mettrez par couches, dans un plat, en les couvrant de sel. Le lendemain, vous retirerez vos tranches et les accommoderez avec sel, poivre, huile et vinaigre. La salade de concombres est un hors-d'œuvre très apprécié.

CRESSON

Epluchez-le bien, puis lavez-le. On sert le cresson autour d'une volaille rôtie ou d'un beefsteack ; et pour ce, on le saupoudre d'un peu de sel, et on le mouille de quelques gouttes de vinaigre.

ÉPINARDS

Epinards à la crême. — Epluchez-les bien, puis lavez-les à grande eau. Mettez-les cuire pendant 1/2 heure à l'eau bouillante, puis retirez-les. Pressez-les dans une passoire pour en faire sortir l'eau, hachez-les très menu, puis mettez-les dans une casserole avec un morceau de beurre, poivre, sel et muscade.

Faites-les bouillir pendant 1/4 d'heure, ajoutez un peu de lait et remuez bien. Servez avec des croûtons frits dans le beurre.

Epinards au gras. — Préparez-les de la manière indiquée ci-dessus ; seulement, au lieu de mouiller avec du lait, mouillez avec du bouillon gras. Servez-les également avec une garniture de croûtons frits.

Epinards à la maître-d'hôtel. — Préparés comme il est dit plus haut, mettez-les dans une casserole, avec sel, gros poivre, et muscade râpée. Quand ils sont bien chauds, joignez-y un bon morceau de beurre que vous laisserez fondre en remuant, puis servez.

FÈVES

Fèves à la bourgeoise. — Choisissez des fèves de grosseur moyenne puis écossez-les. Mettez-les cuire à l'eau bouillante salée avec une branche de sarriette. Une fois cuites, égouttez-les, puis mettez-les dans une casserole avec un morceau de beurre et un peu de farine, mouillez avec un peu d'eau de la cuisson, salez et poivrez. Laissez bouillir pendant 5 minutes, puis servez.

Fèves au lard. — Faites revenir du lard coupé en petits dés avec un morceau de beurre. Saupoudrez-le d'un peu de farine et tournez en mouillant avec du bouillon de la cuisson des fèves, préparées comme ci-dessus. Mettez-y vos fèves, cuites et égouttées comme il a été dit, salez et poivrez, ajoutez une pincée de sarriette hachée.

Laissez jeter un bouillon et servez bien chaud.

Fèves à la Béchamel. — Faites-les cuire, puis préparez-les comme les fèves à la bourgeoise, seulement, au lieu de mouiller avec du bouillon de la cuisson, il faut employer du lait.

HARICOTS

Haricots verts à la poulette. — Choisissez des haricots bien tendres, épluchez-les et effilez-les avec soin. Mettez-les cuire à grand feu dans de l'eau salée et bouillante. Retirez-les dès cuisson et faites-les égoutter.

Pendant ce temps, mettez dans la casserole un bon morceau de beurre, y joindre un oignon découpé en très petits dés; quand il est presque cuit, ajoutez un peu de farine, mouillez avec du bouillon, puis jetez-y vos haricots.

Salez, poivrez, ajoutez persil et ciboules hachés. Laissez mijoter pendant une dizaine de minutes. Au moment de servir, liez la sauce avec un jaune d'œuf et un filet de vinaigre.

Haricots verts à l'anglaise. — Faites-les cuire comme il vient d'être dit, servez-les bien chauds sur un plat, et versez dessus du beurre fondu. Ornez le plat de branches de persil.

Haricots verts à la maître-d'hôtel. — Mettez-les cuire à l'eau, puis passez-les dans une casserole avec un bon morceau de beurre frais, persil haché menu, sel et poivre.

Remuez fortement la casserole, et laissez cuire à feu vif pendant 10 minutes. Servez-les sur un plat chaud, en ajoutant un peu de vinaigre.

Haricots verts au beurre noir. — Faites-les cuire de la manière indiquée plus haut, dressez-les sur un plat, avec persil autour, et versez par-dessus une sauce au beurre noir.

Haricots conservés en boîtes. — A l'aide d'un outil, ouvrez la boîte, jetez les haricots à l'eau bouillante, retirez-les de suite, puis passez-les un instant à l'eau froide.

Egouttez-les bien, et préparez-les comme les haricots nouveaux.

On procède de même pour les conserves de pois verts.

Haricots panachés à la maître-d'hôtel. — Prenez moitié haricots blancs, et moitié haricots verts. Faites-les cuire séparément à l'eau salée, égouttez-les, mélangez-les et tenez au chaud. Mettez dans une casserole un morceau de beurre, fines herbes, poivre et sel. Laissez bien fondre le beurre, puis versez-le sur vos haricots, que vous laisserez mijoter un instant avant de servir.

Haricots rouges à l'étuvée. — Faites cuire dans une casserole, pendant deux heures, à l'eau froide, des haricots rouges, que vous aurez eu soin de faire tremper une nuit, s'ils sont secs, un morceau de lard salé et quelques oignons.

Laissez le lard dans son jus, retirez les haricots, mettez-les dans une casserole avec beurre, poivre, mouillez avec du vin rouge, laissez mijoter pendant 25 minutes, puis dressez la viande sur un plat ainsi que les haricots.

Haricots blancs. — Les haricots blancs nouveaux se cuisent à l'eau bouillante. Lorsqu'ils sont secs, il faut les mettre tremper à l'eau tiède dès la veille, puis les faire cuire à l'eau froide. Il est bon, pour leur donner bon goût, d'ajouter à l'eau de la cuisson un bouquet garni, une carotte et un oignon piqué de 2 clous de girofle. On reconnaît que les haricots sont cuits lorsqu'ils cèdent facilement à la pression du doigt.

Haricots blancs à la crème. — Prenez des haricots nouveaux ; lorsqu'ils seront presque cuits, ajoutez sel et poivre.

Mettez dans une casserole un morceau de beurre et du persil haché menu, passez-y vos haricots, liez avec un jaune d'œuf et délayez avec de la crème. Avant de servir, ajoutez un peu de muscade râpée.

Haricots blancs à la maître-d'hôtel. — Une fois cuits, mettez-les à la casserole avec beurre, poivre, sel, persil et ciboules hachés. Laissez chauffer pendant une dizaine de minutes, et ajoutez un filet de vinaigre.

Haricots blancs à la hussarde. — Vos haricots cuits, faites roussir avec un morceau de beurre, un oignon coupé en très petits dés, ajoutez du persil haché, puis vos haricots avec sel, poivre, et un filet de vinaigre. Mouillez d'un peu de l'eau de la cuisson. Laissez bouillir quelques minutes à grand feu puis servez.

Purées de haricots. — Elles se font comme les purées de pois.

JETS DE HOUBLON

Jets de houblon. — Epluchez, cassez le bout dur, puis lavez à l'eau vinaigrée.

Mettez cuire pendant une bonne demi-heure à l'eau salée. Retirez, puis égouttez. Un peu avant de servir mettez-les dans une casserole avec un fort morceau de beurre, sel et poivre, laissez mijoter doucement pendant 20 minutes, puis liez la sauce avec un jaune d'œuf délayé dans un peu de lait bouilli ; laissez chauffer en tournant, puis servez.

LAITUES

Laitues au jus. — Enlevez les premières feuilles vertes, puis lavez bien vos laitues. Faites-les blanchir en les passant quelques minutes à l'eau bouillante, puis mettez-les à l'eau fraîche.

Egouttez-les bien. Ceci fait, entre les feuilles, mettez un peu de beurre, du poivre et du sel.

Ficelez bien vos laitues de gros fil, puis placez-les dans une casserole avec une tranche de lard en dessous et une au-dessus. Ajoutez 2 o'gnons piqués, thym et laurier et laissez cuire.

Ragoût de laitues. — Epluchez, lavez et ficelez des cœurs de laitues, passez-les pendant dix minutes à l'eau bouillante, retirez-les, déficelez-les, puis égouttez. Mettez un morceau de beurre manié de farine dans une casserole ; faites prendre belle couleur, ajoutez vos laitues, salez, poivrez, mouillez de bouillon, laissez mijoter 25 minutes, puis servez avec n'importe quelle viande.

Laitues farcies.— Préparez vos laitues comme ci-dessus, puis enlevez-en le trognon ; remplacez-le par de la chair à saucisses ; mettez dans la casserole, sous la laitue, une tranche de lard et une feuille de laurier, et laissez mijoter pendant 2 heures. Mouillez d'un peu d'eau ou de bouillon pendant la cuisson.

LENTILLES

Lentilles au lard. — Prenez des lentilles, nettoyez-les bien ; mettez-les tremper dans l'eau pendant une demi-heure, et jetez celles qui surnagent. Faites un roux, mettez-y des fines herbes hachées menu, du lard coupé en petits dés, et un oignon coupé en morceaux. Mouillez de moitié bouillon et moitié eau, salez et poivrez ; puis ajoutez vos lentilles. Laissez-les cuire à petit feu pendant 2 heures environ, servez ensuite.

Les lentilles se préparent aussi en purée, comme les haricots.

NAVETS

Navets au blanc. — Prenez des petits navets, pelez-les, puis jetez-les pendant quelques minutes à l'eau bouillante pour les faire blanchir. Mettez dans une casserole un bon morceau de beurre, une cuillerée de farine, et laissez à moitié roussir ; mouillez d'un peu de bouillon, et ajoutez vos navets. Une demi-heure de cuisson suffit ; ajoutez alors un peu de sucre en poudre et liez avec deux jaunes d'œufs au moment de servir.

Navets à la Béchamel. — Pelez des navets, faites-les blanchir, puis mettez-les cuire pendant une demi-heure dans du bouillon ; servez-les avec une sauce à la béchamel.

Navets au lard. — Faites revenir dans une casserole quelques morceaux de lard coupés en dés. Retirez-les après quelques minutes, et dans le jus, mettez vos navets pour les faire revenir. Salez, poivrez, ajoutez thym et laurier. Saupoudrez d'un peu de farine et mouillez de bouillon. Remettez le lard et laissez mijoter à petit feu pendant 1/2 heure environ ; servez ensuite sur un plat bien chaud.

Navets au jus. — Mettez un bon morceau de beurre dans une casserole, et jetez-y vos navets, coupés par morceaux. Mouillez avec du bouillon et du jus. Ajoutez du poivre, du sel, et une feuille de laurier, servez bien chaud, après avoir fait diminuer la sauce.

Navets en rata. — Mettez cuire à l'eau salée, pendant environ 1/2 heure, des petits navets et des petites pommes de terre.

Retirez-les, autant que possible sans les écraser, et dressez-les sur un plat.

Faites fondre un bon morceau de beurre dans une casserole, ajoutez sel, poivre, et une forte cuillerée de moutarde. Remuez bien, et versez cette sauce sur vos navets.

OIGNONS

Oignons en matelote. — Mettez de gros oignons à l'eau bouillante pendant quelques minutes. Retirez-les, égouttez-les, puis placez-les dans une casserole assez large pour pouvoir les mettre les uns à côté des autres. Dans une autre casserole, faites roussir un bon morceau de beurre ; ajoutez-y : du poivre, du sel, une branche de thym et une feuille de laurier. Mouillez le tout de vin rouge, laissez bouillir pendant dix minutes, puis versez cette sauce sur vos oignons, dans la première casserole.

Faites bouillir à feu doux, et lorsque les oignons seront bien cuits, ajoutez un filet de vinaigre.

Dressez sur un plat ; chaque oignon sur une mince tranche de pain grillée, et par-dessus tout, la sauce bien chaude.

Oignons en purée. — Prenez quelques oignons blancs, épluchez-les bien, puis hachez-les menu. Mettez un bon morceau de beurre dans la casserole, et laissez-y fondre vos oignons. Joignez-y deux cuillerées de haricots blancs en purée, un peu de muscade râpée, passez à l'étamine, et remettez au feu quelques minutes, avec un bon morceau de beurre, avant de servir.

Oignons farcis. — Prenez de gros oignons, passez-les quelques minutes à l'eau bouillante, puis égouttez-les. Creusez-les par le milieu avec un vide-pomme, et remplissez ce vide par une farce de viande bien aromatisée.

Prenez une casserole assez large, rangez-y vos oignons, en les plaçant les uns à côté des autres ; salez ; couvrez-les ensuite de bandes de lard, et laissez-les cuire pendant une heure et demie à feu vif. Dressez sur un plat, passez la sauce, et versez-la sur les oignons.

Oignons brûlés. — Après avoir épluché des oignons, mettez-les au four dans un plat, ou sur une platine. Activez le feu, et retournez souvent les oignons, afin qu'ils cuisent bien, et noircissent, sans cependant se carboniser. Les oignons brûlés servent à colorer le pot-au-feu et sont préférables au caramel, qui est souvent âcre.

OSEILLE

Oseille au gras. — Prenez de l'oseille, quelques laitues, des épinards, et un peu de cerfeuil. Lavez bien ces légumes, égouttez-les, hachez-les ensuite. Mettez ce hachis dans une casserole avec du beurre, jusqu'à ce que le tout soit bien fondu. Salez, poivrez.

Mouillez de bouillon en tournant, liez avec un peu de farine, ajoutez du jus de viande, et laissez mijoter doucement pendant une demi-heure.

Oseille au maigre. — Préparez-la comme plus haut ; mouillez avec du lait et liez avec des jaunes d'œufs.

PETITS POIS

Petits pois à la parisienne. — Prenez des petits pois écossés, et mettez les dans la casserole avec un bon morceau de beurre, un peu d'eau, du sucre, un bouquet de persil et de petits oignons. Laissez cuire pendant une demi-heure.

Retirez le bouquet et les oignons, ajoutez un bon morceau de beurre frais, une cuillerée de farine, mélangez bien le tout, et servez chaud.

Petits pois au lard. — Faites revenir dans une casserole quelques dés de lard, mouillez d'un peu d'eau, et jetez-y vos pois. Salez, poivrez, joignez un oignon blanc et un bouquet de persil.

Faites bouillir pendant 20 minutes ; puis

laissez aller à feu doux pendant une dizaine de minutes.

Petits pois mange-tout. — Effilez-les bien, puis faites-les bouillir pendant une demi-heure dans l'eau. Retirez-les, égouttez-les et mettez-les dans la casserole avec un bon morceau de beurre, poivre, sel, persil haché ; mouillez s'il est nécessaire d'un peu de bouillon ou d'eau.

Petits pois à l'anglaise. — Faites cuire dans l'eau bouillante salée, un bouquet de persil et les pois. Une fois cuits, retirez-les et égouttez-les.

Servez-les sur un plat avec du beurre frais et un peu de sel.

Remuez bien et une fois le beurre fondu, saupoudrez les pois de persil haché menu.

Purée de pois secs en maigre. — Faites tremper vos pois pendant au moins 7 heures dans l'eau tiède, puis faites-les cuire à l'eau froide, à petit feu, en ayant soin qu'elle bouille toujours. Ajoutez : sel, poivre, oignon, et bouquet de persil.

Remuez jusqu'à parfaite cuisson avec une cuillère.

Passez alors les pois à la passoire, puis mettez la purée dans la casserole avec un bon morceau de beurre et quelques échalotes hachées menu, sel, poivre.

Si la purée était trop épaisse, ajoutez-y un peu de lait ou un peu d'eau de la cuisson.

Purée de pois secs en gras. — Suivez la même marche que ci-dessus, seulement mouillez avec du jus, ou du bouillon ; ou faites cuire vos pois avec un morceau de lard de poitrine. Dans ce cas, on dresse le lard sur la purée. On peut aussi faire cuire les pois dans du bouillon gras.

POMMES DE TERRE

Pommes de terre au beurre. — Prenez de jeunes pommes de terre, lavez-les bien, frottez-les ensuite pour en enlever la peau, puis jetez-les dans l'eau froide. Les faire cuire ensuite dans l'eau salée. Les retirer avant qu'elles ne soient tout à fait cuites, les égoutter, puis les mettre dans une casserole avec un morceau de beurre bien frais ; laissez bien brunir, puis servez chaud.

Pommes de terre à la paysanne. — Epluchez-les, puis coupez-les en deux ou en quatre suivant la grosseur. Faites-les cuire dans du lait salé. Laissez-les réduire en bouillie en les remuant et les écrasant, ajoutez un morceau de beurre frais.

Pommes de terre frites. — Ayez une friture bien chaude, et jetez-y des pommes de terre crues coupées en tranches rondes.

Quand elles seront de belle couleur, égouttez-les, puis servez-les saupoudrées de sel fin.

Pommes de terre à l'anglaise. — Après avoir fait cuire à l'eau salée des pommes de terre,

écrasez-les, puis mettez-les dans une casserole
avec du lait et un bon morceau de beurre bien
frais. Laissez-les mijoter ainsi pendant 45 à 50
minutes, puis une fois la purée bien épaisse,
formez-en un gâteau ayant la forme d'un pain
de sucre. Mettez-le sur un plat, puis au four
pendant un quart-d'heure, pour lui faire prendre
couleur.

Pommes de terre au lard. — Faites frire des
petits morceaux de lard, saupoudrez-les d'un
peu de farine, puis laissez roussir en tournant
toujours. Ajoutez thym et laurier, sel et poivre.
Mouillez d'un peu de bouillon ou d'eau, laissez
bouillir pendant quelques minutes, puis jetez
dans ce jus vos pommes de terre crues, coupées
par morceaux. Laissez cuire pendant une bonne
demi-heure avant de servir.

Pommes de terre au fromage. — Faites cuire
des pommes de terre à l'eau salée, ôtez la pelure,
coupez-les en tranches. Beurrez le fond d'un
plat à rôtir, saupoudrez ensuite de Parmesan et
Gruyère râpés, sel et poivre. Etendez alors une
couche de rondelles de pommes de terre, puis
une couche de fromage et ainsi de suite en
terminant par le fromage. Saupoudrez le tout
de mie de pain, et mettez au four pendant environ une demi-heure en arrosant pendant la cuisson de beurre fondu. Servez dans le même plat.

Pommes de terre en robe de chambre. — Prenez
des pommes de terre, essuyez-les avec un
linge, puis mettez-les cuire au four, de façon

à ce qu'elles grillent bien. Elles se mangent avec un peu de sel.

Pommes de terre à la sauce blanche. — Cuites à l'eau, comme il est dit plus haut, pelez-les, puis coupez-les en rouelles, dressez-les sur un plat, versez par-dessus une sauce blanche, et saupoudrez le tout de persil haché menu.

Pommes de terre à la maître-d'hôtel. — Mettez cuire des pommes de terre à l'eau salée avec la pelure, puis une fois cuites, ce qui demande environ 20 minutes, pelez-les. Ensuite, faites fondre du beurre dans une casserole, puis mettez-y vos pommes de terre coupées par tranches, saupoudrez-les de poivre, sel, ciboules et persil hachés, tournez-les en y ajoutant un filet de vinaigre, puis servez-les bien chaudes.

Pommes de terre à la parisienne. — Mettez du beurre dans une casserole, faites-y revenir un oignon coupé en très petits dés, mouillez d'un peu d'eau ou de bouillon, jetez-y vos pommes de terre, ajoutez-y : poivre, sel, thym et laurier.

Laissez-les cuire pendant une demi-heure, puis servez-les.

Croquettes de pommes de terre. — Faites cuire des pommes de terre à l'eau salée, puis épluchez-les, et écrasez-les.

Ceci fait, ajoutez-y un bon morceau de beurre frais, un peu de crême ou lait bouilli, et continuez à pétrir la pâte, en y mêlant deux œufs

entiers bien débattus. Ayez de la friture bouillante dans une casserole ; prenez un peu de
purée, formez-en une boule allongée et jetez-la
dans la friture. Continuez ainsi jusqu'à ce que
vous ayez le nombre de croquettes voulu. Retournez-les, et une fois qu'elles seront de belle
couleur, retirez-les et saupoudrez-les de sel fin.

Pommes de terre soufflées. — Coupez en tranches épaisses de grosses pommes de terre bien
lavées et bien épluchées. Jetez-les dans de la
friture bouillante ; laissez-les remonter ; retirez-
les, laissez un peu refroidir, puis jetez-les de
nouveau dans la friture. Retirez-les ensuite,
égouttez et servez-les, saupoudrées de sel fin.

Pommes de terre à la flamande. — Mettez
dans la casserole un bon morceau de beurre,
puis une fois bien roux, faites-y roussir également des deux côtés des pommes de terre coupées en tranches. Salez, poivrez, mouillez d'un
peu d'eau tiède, ou d'un peu de bouillon si vous
en avez, ajoutez une petite branche de thym,
une feuille de laurier, et laissez-les mijoter pendant une bonne demi-heure en les retournant
de temps en temps. Servez-les bien chaudes,
saupoudrées à volonté de persil haché menu.

Pommes de terre au vin. — Prenez une casserole et mettez-y : un morceau de beurre, persil
et ciboules hachés, une pincée de farine ; mouillez avec un peu de bouillon, salez, poivrez, et
ajoutez un verre de vin. Laissez bien chauffer

cette sauce, puis versez-la sur des pommes de terre cuites à l'eau et coupées par tranches.

Pommes de terre sautées au beurre. — Mettez un bon morceau de beurre dans une casserole, posez-la sur un feu vif, ajoutez-y de petites pommes de terre bien pelées et lavées, agitez vivement la casserole, jusqu'à ce que les pommes de terre soient bien blondes ; égouttez-les, et dressez-les sur un plat saupoudrées de sel fin.

Pommes de terre en purée. — Faites cuire dans l'eau salée vos pommes de terre ; pelez-les, puis passez-les à la passoire en mouillant d'un peu d'eau. Mettez dans une casserole un bon morceau de beurre, jetez-y votre purée, salez, poivrez, et mouillez d'un peu de lait. Laissez bouillir pendant quelques minutes en remuant, puis servez.

POURPIER

Pourpier en ragoût. — Lavez bien votre pourpier, puis passez-le pendant quelques minutes à l'eau bouillante. Faites-le ensuite égoutter, puis mettez-le dans une casserole avec un morceau de beurre, poivre et sel.

Laissez mijoter pendant 20 minutes, liez avec une pincée de farine, laissez chauffer encore un peu, puis servez.

RIZ

Riz au gratin. — Prenez 250 grammes de riz de bonne qualité, lavez-le bien, puis égouttez-le.

Ensuite, faites-le crever dans un litre de bouillon, sans le laisser cuire.

Retirez-le du feu, et ajoutez-y : 125 grammes de beurre frais et pareille quantité de fromage de Gruyère râpé.

Ceci fait, beurrez un plat allant au four, versez-y votre riz, saupoudrez-le d'une couche de fromage, joignez-y quelques petits morceaux de beurre frais, et mettez le gratiner à bon feu pendant une quarantaine de minutes.

Servez sur le plat de cuisson.

Riz au lait. — Prenez du riz dans la proportion d'une once environ par personne, lavez-le plusieurs fois à l'eau tiède en le frottant dans les mains, puis égouttez-le. Ensuite, faites-le crever dans un peu de lait, à petit feu, puis ajoutez la quantité de lait nécessaire.

Joignez un peu de sel et un morceau de cannelle, puis laissez bouillir pendant 1 heure 1/2 environ en ayant soin de veiller à ce que le riz ne se forme en pâte.

Retirez la cannelle, ajoutez le sucre nécessaire, remuez bien avec une cuillère, puis servez bien chaud.

Riz à la turque. — Prenez un litre de riz, lavez-le soigneusement à l'eau tiède, ajoutez trois litres de bon bouillon, mettez le tout dans un vase hermétiquement fermé, sur un feu ardent. Quand l'ébullition commence, vous délayez un peu de safran dans du bouillon et vous le versez sur votre riz. Alors vous laissez bouillir jusqu'à ce que le riz crève, que la pâte se durcisse et prenne de la consistance. Puis vous dépotez et vous servez.

Riz à la ménagère. — Lavez bien votre riz en le frottant avec les mains, puis égouttez-le. Mettez-le ensuite à l'eau bouillante pendant quelques minutes, puis cuisez-le dans du bouillon en y ajoutant quelques dés de lard revenu dans du beurre. Salez, poivrez, et dressez-le sur le plat.

On peut servir avec une sauce aux tomates.

SALSIFIS

Salsifis à la sauce blanche. — Ratissez bien vos salsifis, jetez-les dans l'eau froide avec un peu de vinaigre. Faites-les cuire ensuite à l'eau bouillante salée pendant une demi-heure. Retirez-les, égouttez-les, dressez-les sur un plat et versez par-dessus une sauce blanche.

Salsifis frits. — Cuits comme ci-dessus, passez-les dans une pâte, faite de farine, beurre et eau. Faites-les frire ensuite de belle couleur, et servez-les saupoudrés de sel fin.

Salsifis à la maître-d'hôtel. — Faites-les cuire, puis mettez-les dans une casserole avec un bon morceau de beurre frais, poivre, sel, persil et ciboules hachés.

Retournez-les bien, laissez-les mijoter environ dix minutes, puis servez.

Salsifis à la crême. — Faites-les cuire à l'eau, puis les faire revenir dans du beurre, ajoutez une pincée de farine, et mouillez avec de la crême. Ajoutez du sel et de la muscade râpée. Laissez mijoter le tout pendant un quart-d'heure, puis servez.

SALADES

Salade de betteraves. — Faites-les cuire dans l'eau sans les peler de façon à ce qu'elles baignent bien. Assurez-vous de leur cuisson en les piquant avec une fourchette. Dépouillez-les ensuite de leur écorce, coupez-les par rouelles, mettez-les dans une assiette, puis saupoudrez-les de sel, poivre, huile et vinaigre.

Salade de laitue et œufs. — Epluchez quelques laitues, lavez-les à grande eau, laissez-les tremper pendant quelque temps pour les rafraîchir, puis mettez-les égoutter dans un panier à salade.

Ceci fait, coupez-les, puis mettez-les dans un saladier. Broyez à part dans une assiette, deux jaunes d'œufs dans l'huile, ajoutez-y : poivre, sel, cerfeuil et ciboules hachés.

Délayez avec du vinaigre, puis versez cette sauce sur la salade. Retournez-la bien et assez longtemps.

On peut y ajouter les blancs d'œufs hachés en filéts.

Salade de cresson. — Choisissez du beau cresson, nettoyez-le bien, puis lavez-le.

Assaisonnez-le ensuite avec de l'huile, du vinaigre, du poivre et du sel.

Salade de salsifis. — Faites cuire vos salsifis, puis égouttez-les. Laissez-les ensuite refroidir, coupez-les en morceaux, et assaisonnez-les de sel, poivre, vinaigre, huile et moutarde. Saupoudrez-les d'un peu de persil haché si vous en aimez le goût.

Salade de pommes de terre. — Faites cuire vos pommes de terre à l'eau salée, pelez-les, puis coupez-les en tranches rondes. Disposez-les dans un saladier, saupoudrez-les de poivre, sel et fines herbes hachées. Mouillez d'huile et de vinaigre. Ajoutez quelques tranches de cornichons, quelques filets d'anchois et quelques câpres. Remuez bien le tout et servez.

Salade de mâche avec betteraves. — Après avoir bien nettoyé et lavé votre salade, mettez-la égoutter, puis dressez-la dans le saladier.

Coupez par-dessus quelques rouelles de betteraves cuites à l'eau ; salez, poivrez, mouillez de la quantité d'huile et vinaigre nécessaire, puis remuez bien votre salade.

On prend ordinairement 3 parties d'huile et une de vinaigre.

Salade de laitue en mayonnaise. — Epluchez, lavez, puis égouttez vos laitues. Coupez-les ensuite en morceaux, et mettez-les dans un saladier. Versez dessus une sauce mayonnaise, puis retournez-la bien.

Salade de laitue au lard. — Après avoir fait fondre dans la poêle quelques dés de lard, versez-les bien chauds sur la salade disposée dans le saladier, salez et poivrez.

Mettez dans la poêle le vinaigre nécessaire à la salade, faites-le chauffer, puis versez-le par-dessus.

Remuez bien, et servez.

Salade romaine. — Elle s'accommode de la même manière que la laitue.

Salade au céleri. — Vos céleris bien épluchés et bien lavés, mettez-les dans un saladier, puis versez par-dessus une sauce remoulade.

Salade à la chicorée sauvage. — Prenez de la chicorée jeune et tendre, épluchez-la, puis lavez-la plusieurs fois. Préparez-la ensuite comme la laitue.

Salade de haricots blancs. — Faites cuire vos haricots à l'eau salée, les égoutter et faire refroidir. On les assaisonne un peu avant de les servir comme une salade ordinaire.

Salade de haricots verts. — Il faut les faire cuire à l'eau, les égoutter et faire refroidir. On les assaisonne quelques heures d'avance de poivre, sel et vinaigre. On couvre le saladier.

Au moment de servir, on fait égoutter l'eau qu'ils ont rendue, on ajoute la fourniture et de l'huile.

Salade de choux-fleurs. — Vos choux-fleurs cuits à l'eau, égouttez-les bien, puis laissez-les refroidir. Mettez-les dans un saladier avec poivre et sel.

Ajoutez l'huile et le vinaigre nécessaires, saupoudrez-les de persil haché. Remuez et servez.

Salade russe. — Faites cuire à l'eau salée des haricots verts et blancs, des pois verts, choux-fleurs, pommes de terre, betteraves, carottes, navets. Egouttez bien ces légumes et coupez-les en petits morceaux, ajoutez quelques filets d'anchois, des fines herbes hachées, 2 jaunes d'œufs coupés en morceaux, puis mettez le tout dans le saladier.

Ajoutez moutarde, sel et poivre, l'huile et le vinaigre nécessaires, remuez bien, puis servez.

Salade macédoine. — Mettez dans un saladier des débris de viande ou volaille ; ajoutez-y : quelques laitues, quelques pommes de terre cuites à l'eau et coupées par tranches, un demi céleri coupé en filets, 2 œufs durs coupés en rouelles, quelques filets d'anchois, et 2 cornichons coupés en morceaux. Ajoutez moutarde, sel et poivre, de l'huile et du vinaigre, saupoudrez le tout de cerfeuil haché ; retournez et mélangez bien.

On peut remplacer l'assaisonnement par une mayonnaise.

XI. — LE POISSON

ABLETTES

Ablette. — Nettoyez ce petit poisson, passez-le dans la farine et mettez-le frire. Servez-le saupoudré d'un peu de sel fin.

Moyen de faire la friture. — Si la friture de beurre était plus économique, elle serait, entre toutes, la meilleure à employer ; la friture à l'huile est excellente, mais elle n'est point usitée dans le Nord.

On obtient à peu de frais une bonne friture en employant la graisse de bœuf coupée en petits dés et fondue lentement à feu doux.

On se sert aussi de saindoux et de la graisse qui provient du dégraissage du pot au feu.

La graisse se conserve dans un pot en grès appelé par nos ménagères « pot à graisse ». Il est bon de renouveler la graisse à mesure qu'elle s'use et de ne pas faire usage du dépôt qui se forme au fond du pot.

Ceci dit, s'agit-il de faire frire du poisson ?

Mettez de votre graisse dans la poêle en ayant soin de ne pas la remplir plus d'à moitié, crainte d'accidents ; placez la poêle à feu vif et clair. On reconnaît que la friture est suffisamment chaude lorsqu'elle pétille si l'on y jette un peu de pain, ou en secouant au-dessus les doigts légèrement mouillés.

Placez alors les poissons et quand ils sont

cuits, retirez-les avec une écumoire, égouttez-les ; dressez-les sur un plat et saupoudrez-les de sel fin.

Versez la friture dans votre pot à graisse, elle servira pour une autre fois.

ALOSES

Alose au bleu. — Après l'avoir vidée par les ouïes sans l'écailler, lavez-la bien, puis mettez-la cuire dans un court bouillon composé de moitié eau, moitié vin blanc, et sel. Au bout d'une dizaine de minutes, retirez-la de l'eau, égouttez-la bien, puis dressez-la sur un plat, garni de persil.

Servez à part une sauce blanche, une sauce à l'huile et au vinaigre, ou une mayonnaise.

Alose grillée à l'oseille. — Ecaillez, videz, puis lavez soigneusement votre alose, introduisez-lui ensuite dans le corps une pincée de fines herbes, poivre, sel, puis enveloppez-la d'un papier beurré. Mettez-la cuire sur le gril, en la retournant, puis servez-la sur une purée d'oseille.

Alose sauce hollandaise. — Faites-la cuire au court bouillon, comme il est dit plus haut, puis servez-la avec une sauce hollandaise à part et des pommes de terre cuites à l'eau.

AIGLEFINS

Aiglefin à la hollandaise. — Ecaillez-le, puis videz-le.

Ensuite, après l'avoir lavé plusieurs fois, mettez-le cuire à l'eau bouillante salée pendant 20
à 25 minutes suivant sa grosseur. Retirez-le
avec soin, égouttez-le bien, puis servez-le avec
des pommes de terre cuites à l'eau salée et du
beurre fondu à part.

Il se mange froid à l'huile et au vinaigre, ou
avec une mayonnaise.

ANGUILLES

Anguille sur le gril. — Prenez une anguille
dépouillez-la, puis videz-la par les ouïes, coupez-lui ensuite la tête, ébarbez-la avec des
ciseaux. Lavez-la bien, coupez-la en tronçons
de 10 à 12 centimètres, saupoudrez-les de farine
et mettez-les sur le gril ; retournez-les, et servez-
les avec une sauce tartare.

Anguille à la poulette. — Après avoir préparé
votre anguille, comme il est dit ci-dessus, mettez-la cuire pendant 5 minutes à l'eau bouillante légèrement vinaigrée et salée, laissez-la
égoutter et pendant ce temps, faites fondre sans
laisser roussir un morceau de beurre manié de
farine. Mouillez-le de bouillon, ajoutez pareille
quantité de vin blanc, un filet de vinaigre, sel,
poivre, thym, laurier, et, si vous voulez, quelques
champignons coupés en morceaux.

Placez dans cette sauce vos morceaux d'anguille, laissez-les cuire à feu doux pendant
30 à 35 minutes. Un instant avant de servir,

joignez un jaune d'œuf à la sauce, pour la bien lier.

Anguille à la minute. — Coupez votre anguille par morceaux, puis mettez-les cuire à l'eau bouillante salée pendant un quart-d'heure. Egouttez-la, puis servez-la avec une sauce maître-d'hôtel bien chaude, à laquelle vous ajouterez un filet de vinaigre.

On peut entourer l'anguille de-pommes de terre bouillies à l'eau salée.

Anguille frite. — Mettez dans une casserole : une demi-bouteille de vin blanc et autant d'eau, thym, laurier et un oignon piqué de 2 clous de girofle, salez et poivrez.

Jetez-y vos morceaux d'anguille, et au bout d'un quart-d'heure retirez-les, puis égouttez-les bien. Passez la sauce, ajoutez-y un peu de farine et un morceau de beurre, puis liez-la avec deux jaunes d'œufs. Plongez-y vos morceaux d'anguille, et laissez refroidir le tout. Retirez alors les tronçons d'anguille, saupoudrez-les de mie de pain et faites-les frire. Servez chaud avec une sauce tartare.

Matelote d'anguilles. — Faites revenir dans du beurre, sans les laisser roussir, quelques petits oignons. Retirez-les, et remplacez-les par une cuillerée de farine que vous laisserez bien roussir.

Mouillez ensuite de moitié vin rouge et moitié bouillon, puis ajoutez : poivre, sel, thym, laurier, les petits oignons, et une gousse d'ail.

Après quelques minutes de cuisson à feu doux, ajoutez votre anguille coupée en morceaux.

Laissez mijoter le tout pendant un bon quart-d'heure, puis dressez vos morceaux d'anguille sur un plat, et par-dessus, la sauce passée au tamis.

Waterzooi. — Prenez une casserole, mettez-y de l'eau de façon à ce que vos poissons lorsque vous les y jetterez n'en soient pas baignés complètement. Joignez à l'eau : des racines de persil, un bouquet de persil, une feuille de laurier, un clou de girofle, muscade en poudre (une prise), sel, beaucoup de poivre.

Mettez dans ce court bouillon de petites anguilles, bien nettoyées, et coupées en tronçons. Laissez bouillir pendant une dizaine de minutes, puis ajoutez :

Des brochetons, une perche, des carpillons, quelques goujons, une petite carpe, et d'autres poissons encore si vous voulez.

Tous ces poissons doivent être bien nettoyés, bien lavés, et avoir têtes et queues coupées.

Ajoutez un bon morceau de beurre, laissez bouillir pendant une vingtaine de minutes, puis servez bien chaud.

BARBUES

Barbue au gratin. — Videz avec soin votre barbue, lavez-la bien, puis mettez-la mariner pendant 2 heures dans du vinaigre avec sel, poivre, laurier et ciboules. Retirez-la de la marinade, égouttez-la, puis trempez-la dans du beurre fondu.

Saupoudrez-la ensuite de mie de pain, salez, poivrez, puis mettez au four pendant 35 minutes environ. Arrosez de beurre fondu pendant la cuisson.

Barbue à la sauce blanche. — Videz-la, puis lavez-la. Faites-la cuire à l'eau bouillante salée pendant 25 minutes. Une fois cuite, ce dont il faut s'assurer, retirez-la de l'eau, égouttez-la bien et servez-la avec des pommes de terre cuites à l'eau salée et une sauce blanche à part. On peut à la sauce blanche ajouter quelques câpres.

Barbue à la béchamel. — La faire cuire pendant 20 à 25 minutes, comme il est dit plus haut, et la servir avec une sauce béchamel à part.

BARS

Bar au bleu. — Le vider, le laver, puis le mettre cuire à l'eau salée en lui ficelant la tête pour qu'elle se maintienne pendant la cuisson. Il se mange chaud avec une sauce blanche, ou froid avec une mayonnaise. Ce poisson est très délicat. Il faut environ 20 minutes pour le cuire.

BROCHETS

Brochet au bleu. — Videz-le sans l'écailler, coupez les ouïes et après l'avoir lavé à plusieurs eaux, mettez-le cuire dans moitié eau, moitié vin blanc, en quantité nécessaire pour qu'il baigne bien.

Ajoutez : poivre, sel, thym, laurier, et un oignon piqué de 2 clous de girofle. Le brochet cuit, ce qui demande 20 ou 25 minutes ou plus suivant la grosseur, retirez-le de l'eau, égouttez-le bien, et servez-le tout entier sur un plat garni de branches de persil frais.

Il se sert avec une sauce blanche aux câpres, ou une sauce à l'huile et au vinaigre, ou une sauce moutarde.

Brochet rôti. — Videz-le, écaillez-le, coupez-lui les nageoires, puis passez-le dans la farine. Ceci fait, mettez-le au four en l'arrosant de beurre fondu pendant la cuisson.

Brochet à la maître-d'hôtel. — Videz votre brochet, écaillez-le, puis essuyez-le bien avec un linge. Mettez-le ensuite sur le gril à feu doux, enveloppé d'un papier beurré, retournez-le afin qu'il cuise également des deux côtés.

Retirez-le, fendez-le par le dos dans sa longueur. Dans cette fente mettez du beurre bien frais manié, sel, poivre, persil et ciboules hachés menu. Mettez-le un instant au four dans un plat allant au feu.

Brochet à la flamande. — Videz, écaillez, et lavez bien votre brochet. Piquez-le d'un côté seulement de fins lardons, et mettez-le dans une casserole avec sel, poivre, thym, laurier, oignon piqué de 2 clous de girofle, et 2 carottes coupées en tranches. Arrosez le tout d'un peu d'eau, ajoutez deux verres de vin blanc, et laissez bouillir pendant un quart-d'heure. Retirez le brochet, mettez-le sur un plat, faites réduire la sauce de moitié, puis passez-la au tamis.

Dans une autre casserole mettez un bon morceau de beurre, faites-y bien revenir votre brochet, en ayant soin de mettre le côté piqué en-dessus, mouillez de votre sauce réduite, et laissez mijoter le tout pendant 20 à 25 minutes. Dressez le brochet sur un plat, la sauce à part.

BRÊMES

Brême au bleu. — Videz-la, puis lavez-la bien et mettez-la cuire dans moitié eau, moitié vin blanc, poivre, sel, oignon piqué de 2 clous de girofle et une feuille de laurier.

Une fois cuite, retirez-la, égouttez-la et dressez-la sur un plat.

Servez à part une sauce blanche ou une sauce à l'huile et au vinaigre. On peut aussi la servir sur une purée d'oseille.

BARBEAUX

Barbeau au court bouillon. — Prenez un barbeau de belle taille, gros, gras, et si possible pris dans une eau claire. Videz-le, puis mettez-le dégorger pendant quelques heures à l'eau fraîche. Préparez un court bouillon moitié eau, moitié vin blanc, dans lequel vous mettrez un oignon piqué de 2 clous de girofle, thym, laurier, poivre, sel. Ceci fait, placez-y votre barbeau. Une fois cuit, retirez-le ; puis égouttez-le et dressez-le.

Il se sert avec une sauce au beurre fondu, et des pommes de terre cuites à l'eau salée ; ou froid avec huile et vinaigre.

Barbillon à l'étuvée. — Ecaillez, videz, puis lavez-le à plusieurs eaux. Ceci fait, mettez-le dans une casserole avec un gros morceau de beurre, sel, poivre, 2 clous de girofle, thym, laurier, et mouillez de vin rouge en quantité nécessaire.

Assurez-vous de la cuisson, et au moment de servir, liez la sauce en y ajoutant un peu de farine.

Barbillons grillés. — Quand ils sont petits nettoyez-les, lavez-les, puis une fois bien saupoudrés de farine, faites-les cuire sur le gril à feu doux. S'ils sont gros, on les prépare comme pour l'étuvée, puis on les passe au beurre fondu, on les saupoudre de poivre et sel, et on les met sur le gril ou au four, en arrosant de beurre pendant la cuisson.

BARBOTTES

Barbottes frites. — On ne les mange guère que de cette façon : une fois bien écaillées et vidées, roulez-les dans la farine et faites-les frire.

CABILLAUDS

Cabillaud à la hollandaise. — Après avoir fait choix d'une tranche de beau cabillaud, lavez-la bien, puis mettez-la à l'eau bouillante salée.

Laissez-la cuire pendant une demi-heure environ, puis dressez-la sur un plat avec une garniture de persil frais.

Il se sert avec des pommes de terre cuites à l'eau et du beurre fondu.

On peut également le servir avec une sauce blanche aux câpres.

CARPES

Carpe à la hollandaise. — Prenez une belle carpe, écaillez-la bien, puis videz-la. — Il est prudent, si vous la pêchez vous-même, de lui faire avaler un verre de fort vinaigre afin d'enlever le mauvais goût de la vase. — Ceci fait, mettez-la dans une casserole avec poivre, sel, 4 épices, persil et ciboules, tranches d'oignon, thym et laurier. Mouillez ensuite avec de la bonne bière, et ajoutez un verre d'eau-de-vie, et un morceau de beurre.

Laissez bouillir le tout, puis une fois la carpe bien cuite, ce dont il faut s'assurer, dressez-la sur un plat. Passez la sauce au tamis, remettez-la au feu en y ajoutant un morceau de beurre manié de farine, remuez pour la faire épaissir, puis versez-la bien chaude sur la carpe.

Carpe au gratin. — Mettez du beurre dans le fond d'un plat, avec du persil et des ciboules hachés, poivre, sel, saupoudrez le tout de mie de pain, placez votre carpe bien vidée et bien lavée sur ce lit, et recouvrez-la du même assaisonnement.

Mettez ensuite le plat au four en arrosant la carpe de beurre fondu pendant la cuisson. Servez-la de préférence dans le plat où elle a été cuite.

Carpe à la provençale. — Coupez par morceaux une carpe vidée et nettoyée avec soin. Mettez ensuite dans une casserole un bon morceau de beurre manié de farine, sel, poivre, persil et ciboules hachés.

Joignez-y vos morceaux de carpe, mouillez le tout de vin rouge, laissez cuire doucement pendant une heure, puis servez.

Carpe au bleu. — Mettez votre carpe bien nettoyée dans une casserole, et mouillez-la d'un peu de vinaigre très chaud. Ajoutez du vin rouge en quantité nécessaire pour que la carpe baigne entièrement, joignez-y : 2 oignons coupés en tranches, sel, poivre, thym, laurier. Laissez mijoter le tout pendant une heure et servez froid avec une sauce vinaigrette.

Carpe frite. — Prenez une belle carpe, et après l'avoir nettoyée, fendez-la en deux par le dos. Faites-la mariner pendant environ 2 heures dans du vinaigre, thym, laurier, poivre et sel. Après l'avoir égouttée, saupoudrez-la de farine, et mettez-la frire. On fait frire également la laitance, et on la sert avec la carpe.

Carpe grillée. — Prenez une carpe, videz-la, puis lavez-la bien. Laissez-la égoutter, et mettez-la sur le gril, à feu clair et vif, après l'avoir trempée dans du beurre fondu.

On peut l'entourer d'un papier beurré afin qu'elle ne se crève pas en grillant.

La carpe grillée se sert avec une sauce blanche, ou une sauce maître-d'hôtel ; ou bien encore sur une purée d'oseille.

Carpe en matelote. — Faites un roux, mouillez-le de bon bouillon, puis mettez-y vos morceaux de carpes. Salez, poivrez. Ajoutez : thym, laurier ; mouillez de vin rouge, de façon à ce que le tout baigne bien. Dans une casserole à part, faites revenir dans un peu de beurre une douzaine de petits oignons, puis joignez-les au contenu de la première casserole. Laissez cuire le tout à grand feu pendant une heure, servez chaud.

Matelote à la marinière. — Prenez une carpe et une anguille, videz-les, lavez-les bien, puis coupez-les par morceaux. Ceci fait, prenez une marmite, et rangez-y vos morceaux de poisson, salez, poivrez, joignez une feuille de laurier, une branche de thym, et un oignon piqué de 3 clous de girofle. Mouillez de bon vin rouge, de façon à ce que le poisson en soit recouvert.

Faites cuire à feu vif : au premier bouillon, jetez dans la marmite un verre de bonne eau-de-vie, et au même instant mettez-y le feu. Laissez brûler pendant un quart-d'heure. Le feu cessé, retirez les morceaux de poisson avec une écumoire. Dressez-les sur un plat. Ajoutez à la sauce un morceau de beurre manié de farine, tournez, retirez le thym et le laurier, ajoutez alors quelques petits oignons cuits à part dans le beurre, laissez mijoter pendant une dizaine de minutes, puis versez cette sauce bien chaude sur le poisson.

Matelote à la bourgeoise. — Pour faire une vraie matelote, il faut plusieurs sortes de poissons : anguille, brochet, carpe, tanche, etc. Nettoyez et lavez ces poissons comme il a été dit, puis coupez-les par morceaux, et mettez les tronçons d'anguille dans une marmite, avec thym, laurier, bouquet de persil, quelques petits oignons bien épluchés, poivre, sel.

Mouillez de moitié vin rouge, moitié bouillon de façon à ce que le poisson baigne bien, couvrez votre marmite, et laissez cuire à grand feu pendant un quart-d'heure environ ; ajoutez alors vos morceaux de brochet, tanche, carpe, et un filet de vinaigre ; laissez bien mijoter le tout. Pendant ce temps, faites revenir dans une casserole à part, quelques petits oignons blancs, ajoutez un peu de farine et mouillez d'un peu de la cuisson des poissons ; ajoutez un filet de vinaigre, et laissez mijoter une dizaine de minutes.

Dressez alors vos morceaux de poissons sur un plat, versez par-dessus leur jus passé au tamis, puis le contenu de votre deuxième casserole.

On peut garnir le bord du plat de croûtons frits et d'écrevisses.

CREVETTES

Crevettes au court bouillon. — Faites-les cuire dans un court bouillon formé de moitié vin blanc, moitié eau, et assaisonné de sel, poivre, thym, et laurier.

On peut les faire cuire tout simplement à l'eau salée.

Elles se servent nature ou en salade avec laitues, œufs durs, huile, vinaigre, poivre et sel. Généralement les crevettes s'achètent cuites.

Crevettes à la bretonne. — Epluchez de belles crevettes. Mettez dans un plat allant au feu, un bon morceau de beurre frais, poivre blanc, fines herbes hachées, et un verre à vin de crème. Ajoutez-y vos crevettes, faites cuire à feu doux, pendant une dizaine de minutes environ, puis servez.

CRABES

Crabes. — Généralement on les achète cuits, dans le cas contraire, il suffit de les faire cuire pendant une demi-heure dans l'eau salée, assaisonnée de : gros poivre, sel, thym, laurier et un oignon piqué de 2 clous de girofle.

Servez avec une sauce mayonnaise.

DORADES

Dorade. — Faites-la cuire tout simplement à
l'eau salée.

Servez avec du beurre fondu ou une sauce
blanche aux câpres.

ESTURGEONS

Esturgeon rôti. — Prenez une belle tranche
d'esturgeon, saupoudrez-la de sel et de poivre
et graissez-la de beurre bien frais. Mettez-la au
four pendant 25 minutes environ. Servez avec
une sauce piquante.

Esturgeon braisé. — Piquez de petits morceaux de lard bien assaisonnés une tranche
d'esturgeon, puis mettez-la dans la casserole
avec poivre, sel, thym et laurier. Ajoutez quelques petits oignons. Mouillez de vin blanc, et
laissez mijoter pendant 2 heures.

Avant de servir, liez la sauce avec un morceau de beurre manié de farine.

Esturgeon en fricandeau. — Prenez une tranche d'esturgeon, retirez-en la peau, puis piquez-
la de fins lardons bien assaisonnés de sel et
poivre. Saupoudrez-la ensuite de farine, et
mettez-la roussir dans une casserole avec un
morceau de beurre. Placez ensuite votre morceau d'esturgeon sur un plat allant au feu avec
des oignons coupés en morceaux, persil, thym,

laurier, poivre, sel, mouillez de bon vin blanc
sec. Mettez cuire au four, arrosez souvent de
son jus pendant la cuisson.

Dressez-le sur un plat, et versez dessus la
sauce réduite à laquelle vous ajouterez un filet
de vinaigre.

Esturgeon aux petits pois. — Prenez une belle
tranche d'esturgeon, piquez-la de fins lardons
bien assaisonnés, puis mettez-la dans la casserole avec un bon morceau de beurre et quelques
petits oignons.

Ajoutez-y une branche de thym et une
feuille de laurier, salez et poivrez; mouillez de
bouillon ou d'eau et laissez mijoter. L'esturgeon
à peu près cuit, ce dont il faut s'assurer en le
piquant avec une fourchette, joignez-y vos
petits pois verts, ainsi qu'un peu de beurre.
Laissez achever la cuisson et servez.

Esturgeon sauce aux crevettes. — Mettez dans
un plat allant au four un morceau d'esturgeon,
salez, poivrez, ajoutez une pincée de fines herbes, et mouillez de bon vin blanc. Mettez-le
au four, arrosez-le de son jus pendant la cuisson, et servez-le avec une sauce ainsi préparée :

Mettez dans une casserole un bon morceau
de beurre manié de farine, mouillez d'un peu de
jus de rôti, au premier bouillon retirez du feu,
et liez la sauce avec 2 jaunes d'œufs. Ajoutez-y
des crevettes épluchées. Dressez l'esturgeon sur
un plat et versez la sauce par-dessus.

ÉPERLANS

Eperlans frits. — Videz, puis essuyez bien vos éperlans sans les laver. Saupoudrez-les de farine, puis plongez-les pendant cinq minutes dans la friture bien chaude. Retirez-les avec l'écumoire, égouttez-les, puis dressez-les sur un plat avec une garniture de persil frit.

Éperlans sur le gril. — Videz et essuyez vos éperlans ; ceci fait, trempez-les dans du lait, puis dans du beurre fondu, mettez-les ensuite sur le gril en les saupoudrant de sel fin.

Une fois bien dorés, retournez-les, saupoudrez également de sel fin l'autre côté et laissez cuire jusqu'à ce qu'ils deviennent bien fermes. Il faut pour cela environ un quart-d'heure. Dressez-les sur un plat avec une garniture de persil frit.

ÉCREVISSES

Buisson d'écrevisses. — Prenez de belles écrevisses. Tirez la nageoire du milieu de la queue ; elle entraînera avec elle un mince boyau noir, qui donne un très mauvais goût d'amertume à l'écrevisse.

Ceci fait, mettez dans une marmite moitié eau et moitié vinaigre, 2 carottes coupées en rouelles, une feuille de laurier, une branche de thym, un gros oignon piqué de 4 à 5 clous de girofle, un bouquet de persil, sel, et une forte pincée de gros poivre.

Laissez bouillir le tout pendant une vingtaine de minutes, puis jetez-y vos écrevisses toutes vivantes. Quand elles seront d'un beau rouge, ce qui arrivera après une dizaine de minutes, retirez la marmite du feu. Couvrez-la, et laissez-y vos écrevisses pendant une dizaine de minutes encore. Retirez-les ensuite avec une écumoire, mettez-les dans un plat creux et versez par-dessus votre court bouillon que vous aurez passé au tamis.

Au moment de les servir, égouttez-les et dressez-les sur un plat en forme de pyramide.

Écrevisses à la bordelaise. — Mettez dans une casserole : un gros morceau de beurre, une dizaine d'échalotes hachées, persil haché également, poivre, sel, 2 cuillerées de vinaigre, et 2 de vin blanc. Laissez cuire à bon feu pendant un quart-d'heure, ajoutez une pincée de poivre de Cayenne. Servez cette sauce dans un plat creux, les écrevisses chaudes par-dessus. Si la sauce n'était pas assez longue, on pourrait y ajouter un peu de la cuisson des écrevisses.

GRONDINS

Grondin au bleu. — Ecaillez-le, videz-le, puis lavez-le avec soin. Faites-le cuire dans un court bouillon composé de moitié lait, moitié eau et un peu de sel.

Quelques minutes suffisent.

Il se sert avec une sauce blanche aux câpres ou une ravigote.

GOUJONS

Goujons frits. — Videz-les, lavez-les, puis
après les avoir saupoudrés de farine, mettez-les
dans la friture bien chaude pendant 3 ou 4
minutes. Egouttez-les puis dressez-les sur un
plat, saupoudrés d'un peu de sel fin, et garnis
de persil.

Il est prudent, afin d'éviter des accidents
graves, de ne jamais manger la tête du goujon,
elle peut contenir un morceau d'hameçon que
le pêcheur casse en voulant le retirer.

GRENOUILLES

Cuisses de grenouilles frites. — Ne prenez
que les cuisses, retirez-en la peau ; puis mettez-
les dégorger pendant 2 heures à l'eau froide.

Egouttez-les, essuyez-les avec un linge bien
sec, saupoudrez-les ensuite de farine, et faites-
les frire.

Cuisses de grenouilles au blanc. — Préparez
les cuisses comme il est dit plus haut, et mettez-
les dans une casserole avec un morceau de
beurre, poivre, sel, thym, laurier, et quelques
champignons coupés en morceaux. Mettez la
casserole au feu, et après quelques minutes,
saupoudrez de farine, ajoutez un peu de bouillon et de vin blanc, et laissez bouillir pendant une
bonne demi-heure. Liez la sauce avec un jaune

d'œuf, ajoutez un peu de persil haché menu et un filet de vinaigre.

HARENGS

Harengs frais sauce moutarde. — Videz vos harengs, écaillez-les, puis lavez-les bien ; faites-les griller à feu vif en les retournant. Servez avec une sauce au beurre à laquelle vous aurez mêlé un peu de moutarde.

Harengs frais grillés. — Après les avoir vidés et bien lavés, trempez-les dans du beurre fondu, saupoudrez-les ensuite de mie de pain, et mettez-les sur le gril à feu doux, en ayant soin de les retourner. Ils se servent avec une sauce piquante.

Harengs frais à la maître-d'hôtel. — Faites griller vos harengs comme il vient d'être dit ; puis fendez-les par le dos, dressez-les sur un plat, et garnissez-en l'intérieur de beurre, poivre et persil haché menu. Faites chauffer au four pendant quelques minutes, avant de servir.

Harengs frais à la sauce blanche. — Vos harengs bien préparés, faites-les griller, puis servez-les avec une sauce blanche.

Harengs frais sauce mayonnaise. — Préparez des filets de harengs, faites-les griller, puis servez-les froids avec une mayonnaise.

Harengs frais frits. — Ecaillez-les, videz-les, lavez-les, puis après les avoir essuyés avec soin,

saupoudrez-les de farine, et jetez-les dans la
friture bien chaude.

Harengs-saurs. — Ces harengs sont fumés,
et se mangent cuits sur le gril; ou à la maître-
d'hôtel comme les harengs frais.

Harengs-saurs Sainte-Menehould. — Lavez-
les bien, coupez-leur la tête et la queue, enlevez la peau, et mettez-les dessaler dans moitié
eau et moitié lait, pendant environ 2 heures.
Ceci fait, égouttez-les, puis essuyez-les ; trempez-les ensuite dans du beurre tiède, auquel
vous aurez ajouté des épices en poudre et du
poivre, saupoudrez-les de mie de pain, et mettez-
les sur le gril à feu doux.

Harengs salés. — Faites-les dessaler pendant
une nuit, nettoyez-les, lavez-les et dressez-les
sur un plat, avec des oignons et des pommes
crues coupées en petits dés, huile, vinaigre, fines
herbes hachées, et poivre.

HOMARDS

Homards. — Autant que faire se peut, achetez votre homard vivant et faites-le cuire dans
une marmite avec moitié eau salée et vinaigre, ou
vin blanc. Y ajouter : une forte pincée de poivre
en grains, sel, thym, laurier, oignon piqué de
2 clous de girofle, un bouquet de persil et un
morceau de beurre.

Laissez bouillir pendant 25 minutes, puis
retirez la marmite du feu, et laissez refroidir le

homard dans le court bouillon. L'égoutter,
puis le servir, fendu en deux dans sa longueur.

Le homard se mange avec une sauce remoulade préparée de la façon suivante :

Prenez la partie crémeuse du corps du
homard, ainsi que les œufs s'il y en a ; délayez
bien le tout avec de l'huile d'olive, vinaigre,
poivre, sel, moutarde, persil et échalotes hachés.

Le homard se mange aussi avec une sauce
mayonnaise, à laquelle on ajoute un peu d'estragon haché ; ou en salade avec laitues, œufs durs,
câpres, huile et vinaigre, poivre et sel.

LIMANDES

Limandes au gratin. — Placez au fond d'un
plat à rôtir, du beurre, persil haché, poivre et sel.
Mettez le plat au four ; une fois le beurre fondu,
ajoutez vos limandes, et couvrez-les de beurre,
poivre, sel et mie de pain.

Laissez cuire pendant 25 à 30 minutes en
ayant soin d'arroser avec le beurre fondu pendant la cuisson.

LAMPROIES

Lamproie. — Prenez une lamproie, passez-la
à l'eau bouillante, écaillez-la, puis dépouillez-la
comme l'anguille ; videz-la ensuite, puis lavez-la.
Essuyez-la bien avec un linge, saupoudrez-la de
farine, et mettez-la frire après l'avoir coupée en
morceaux.

Servez à part une sauce blanche aux câpres ou une remoulade.

MAQUEREAUX

Maquereaux à la maître-d'hôtel. — Prenez des maquereaux bien frais, laités si possible, ce sont les meilleurs, videz-les, coupez les nageoires, essuyez-les bien sans les laver, coupez-les en deux par le dos, dans le sens de la longueur, enveloppez-les si vous voulez d'un papier beurré, et faites-les griller, en ayant soin de ne pas perdre la laitance qui est très délicate, et qui se mange au gratin, en friture, etc., comme celle de la carpe. Quand les maquereaux sont cuits, dressez-les sur un plat, garnissez l'intérieur de beurre frais, persil et ciboules hachés, sel, poivre ; mettez le plat au four pendant 5 minutes, puis servez en arrosant d'un filet de vinaigre.

Maquereaux au beurre noir. — Faites frire vos maquereaux comme il vient d'être dit, puis dressez-les sur un plat. Mettez dans la poêle un bon morceau de beurre ; quand il est très chaud, jetez-y du persil, et laissez-le frire. Ceci fait, versez cette sauce sur vos maquereaux. Mettez ensuite dans la poêle un demi-verre à vin de vinaigre, laissez chauffer quelques minutes et ajoutez-le à la sauce.

Maquereaux aux groseilles vertes. — Mettez dans une casserole un bon morceau de beurre,

sel, poivre, et persil haché. Jetez-y des groseilles épepinées avec soin et laissez cuire. Vous
passez ensuite les groseilles et les réduisez en
purée.

Vos maquereaux cuits à l'eau salée, il suffit
de les dresser sur votre purée de groseilles.

Maquereau à la flamande. — Prenez un beau
maquereau, saupoudrez-le de sel et de poivre,
enveloppez-le d'un papier beurré, puis mettez-
le sur le gril.

Sur le plat à servir mettez 2 ou 3 morceaux
de beurre frais, de la grosseur d'une noix, saupoudrez-les de persil haché menu, et par-dessus
placez votre maquereau brûlant ; arrosez d'un
jus de citron ou d'un filet de vinaigre.

MULETS

Mulet sauce aux câpres. — Videz, lavez, puis
essuyez votre mulet. Beurrez un papier, enve-
loppez-en votre poisson, et mettez-le sur le gril
en ayant soin de le retourner.

Quand le poisson est cuit, servez avec une
sauce blanche aux câpres.

Mulet à la provençale. — Préparez-le comme
il est dit ci-dessus, puis bourrez-le d'une pâte
composée de persil haché, mie de pain, beurre,
poivre et sel. Mettez-le cuire ainsi sur le gril
à feu doux et clair, en le retournant.

Servez avec une sauce tomate ou une sauce
blanche.

MERLANS

Merlans au gratin. — Après avoir écaillé et
vidé vos merlans, essuyez-les avec un linge bien
sec. Mettez dans un plat à rôtir, beurre, sel,
poivre, persil et échalotes hachés, et par-dessus
vos merlans saupoudrés de sel, poivre et mie
de pain.

Laissez-les cuire au four pendant une vingtaine de minutes en les arrosant de beurre
fondu.

Merlans frits. — Vos merlans préparés
comme il est dit plus haut, trempez-les dans un
peu de lait, puis dans la farine et faites-les frire
ensuite en les plongeant dans la friture bien
chaude pendant cinq à six minutes.

Merlans grillés. — Videz vos merlans, puis
écaillez-les. Trempez-les ensuite dans du beurre
fondu, puis mettez-les sur le gril en ayant soin
de les retourner sans les briser ; une fois cuits,
dressez-les sur un plat.

Ils se servent avec une sauce blanche aux
câpres, ou une sauce aux tomates.

Merlans bourguignonne. — Mettez dans le
fond d'un plat un bon morceau de beurre, sel,
muscade en poudre, persil et ciboules hachés ;
et par-dessus vos merlans bien nettoyés. Mettez
le plat au four en mouillant avec moitié vin
blanc et moitié bouillon. Une fois cuits, ajoutez

un peu de beurre manié de farine, le jus d'un citron.

MORUE

Morue à la béchamel. — Mettez la morue à l'eau fraîche pendant 24 heures pour la dessaler, en ayant soin de renouveler l'eau.

La retirer, puis la faire cuire à l'eau froide, et l'enlever à la première ébullition, après avoir eu soin d'écumer.

La dresser sur un plat, et verser par-dessus une sauce béchamel bien chaude.

Une fois cuite, on peut aussi la découper en petits filets et les mettre au feu pendant 5 minutes dans une sauce béchamel.

Morue à la maître-d'hôtel. — La mettre cuire comme il vient d'être dit, la dresser sur un plat, après l'avoir bien égouttée, puis la servir avec une sauce maître-d'hôtel à part et des pommes de terre cuites à l'eau salée.

Morue sauce blanche. — Cuite comme ci-dessus, égouttez-la, puis servez-la avec une sauce blanche aux câpres.

Morue au beurre noir. — La morue se sert aussi avec une sauce au beurre noir et des pommes de terre cuites à l'eau salée.

Morue frite. — Mettez dans la poêle un bon morceau de beurre, puis dès qu'il commence à roussir, mettez-y votre morue coupée en tranches minces ; laissez-les bien roussir des deux côtés, puis dressez-les sur un plat.

Coupez dans le beurre qui reste dans la poêle des oignons en tranches minces, laissez-les cuire, ajoutez-y un filet de vinaigre, et versez sur votre morue.

MOULES

Moules à la marinière. — Choisissez des moules fraîches et lourdes, faites-les dégorger dans l'eau salée, mélangée d'un peu de vinaigre, au moins pendant 3 heures, en renouvelant l'eau à plusieurs reprises.

Ceci fait, nettoyez-les bien, et lavez-les à plusieurs eaux en les frottant les unes contre les autres.

Prenez une marmite dans laquelle vous mettez des oignons coupés en dés, un bouquet de persil, 2 clous de girofle, et par-dessus vos moules.

Salez, poivrez, et ajoutez un morceau de beurre gros comme un œuf. Fermez la marmite, et laissez cuire. Quand vous verrez les moules du dessus s'ouvrir, remuez vivement la marmite, laissez encore les moules un instant, elles seront cuites.

Moules à la poulette. — Faites cuire vos moules comme il vient d'être dit, et tenez-les au chaud. Pendant ce temps mettez dans une casserole un morceau de beurre, une cuillerée de farine, délayez bien en mouillant avec de la cuisson des moules, ajoutez un peu de muscade râpée et de persil haché ; liez avec des jaunes d'œufs et dans cette sauce bien chaude, jetez vos moules débarrassées de leur coquille. Au bout de 5 minutes, servez-les. On les sert aussi cuites de cette manière avec une sauce béchamel.

PLIES

Plies frites. — Videz et nettoyez bien vos plies, saupoudrez-les de farine, et faites-les frire dans du beurre.

Plies au beurre blanc. — On fait cuire les plies à l'eau salée, et on les sert avec une sauce au beurre et des pommes de terre cuites à l'eau.

Plies au bleu. — Faites cuire vos plies dans un court bouillon composé de moitié eau et moitié vinaigre, sel, poivre, bouquet de persil, thym et laurier.

Laissez bouillir le tout pendant 10 minutes, puis retirez la marmite sur le côté du feu, et laissez les poissons quelques minutes dans le court bouillon, pour qu'ils prennent bon goût.

Mettez un morceau de beurre dans une casserole, ciboules hachées, muscade râpée, câpres, mouillez le tout d'un peu d'eau, saupoudrez de farine en tournant. Retirez vos plies du court bouillon, égouttez-les. Dressez-les sur un plat et versez la sauce bien chaude dessus.

PERCHES

Perche au bleu. — Passez votre perche pendant 5 minutes à l'eau bouillante, puis écail-

lez-la. Retirez ensuite les ouïes, et videz-la ;
faites-la cuire au court bouillon, puis après
l'avoir bien égouttée, dressez-la sur un plat avec
une garniture de persil.

La perche se sert avec une sauce à l'huile et au
vinaigre, ou une sauce blanche.

Perche à la hollandaise. — Après l'avoir bien
préparée comme il vient d'être dit, mettez-la
cuire à l'eau salée, avec thym, laurier, un oignon
et un bouquet de persil. Une fois bien cuite,
égouttez-la, puis dressez-la sur un plat avec des
pommes de terre cuites à l'eau.

Servez à part une sauce au beurre assaisonnée
de poivre, sel et jus de citron.

Perche frite. — Ecaillez-la, videz-la, puis
après l'avoir bien saupoudrée de farine, faites-
la frire.

ROUGETS

Rouget grillé. — Ecaillez votre rouget, videz-
le en conservant le foie, puis mettez-le sur le
gril enveloppé dans un papier beurré, après lui
avoir fait prendre goût en le recouvrant pendant une heure d'un mélange de sel, poivre, échalotes et persil hachés menu. Quand le rouget est
cuit, ce qui demande un quart-d'heure, servez-le
avec une sauce maître-d'hôtel dans laquelle on
aura mélangé le foie écrasé.

Rouget maître-d'hôtel. — Le rouget se prépare
également comme le maquereau à la maître-
d'hôtel.

Rouget au bleu. — Si on a un fort beau rouget on le fait cuire au court bouillon, et on le mange avec une sauce blanche aux câpres, ou à l'huile et au vinaigre.

Dans le Midi de la France et sur les bords de la Méditerranée, on ne vide pas le rouget. Nous ne pensons pas que ce soit là un exemple à suivre.

Rougets grillés. — Ecaillez, puis nettoyez-les, les mettre ensuite mariner dans un peu d'huile d'olive, avec poivre et sel, pendant une heure environ, puis les passer dans la mie de pain, et les poser sur le gril en ayant soin de les retourner. Dressez-les sur un plat, au fond duquel vous aurez mis du beurre manié de fines herbes. Arrosez-les du jus d'un citron, ou d'un filet de vinaigre.

RAIE

Raie à la sauce blanche. — Prenez une raie à chair bien ferme, écorchez-la, puis videz-la, coupez-lui ensuite la tête et la queue, lavez-la plusieurs fois, puis faites-la cuire à l'eau salée. Au premier bouillon retirez la marmite sur le côté du feu, laissez la raie une vingtaine de minutes dans l'eau, puis égouttez-la, et dressez-la sur un plat. Servez à part une sauce blanche.

Raie au beurre noir. — Lavez bien votre raie, puis mettez-la cuire à l'eau salée comme il est dit plus haut, dressez-la sur un plat, et servez avec une sauce au beurre noir.

Raie à la hollandaise. — Votre raie cuite comme il vient d'être dit, garnissez-la de pommes de terre cuites à l'eau, et servez à part une sauce au beurre.

Raie à l'huile et au vinaigre. — Cuite à l'eau, laissez-la refroidir, puis dressez-la sur un plat, et servez à part une sauce à l'huile et au vinaigre, poivre, sel et persil haché menu.

Raie à la maître-d'hôtel. — Votre raie cuite à l'eau, dressez-la sur un plat, et servez avec une sauce à la maître-d'hôtel. On peut servir en même temps quelques pommes de terre cuites à l'eau.

Raie frite. — Nettoyez bien votre raie, puis coupez-la par morceaux, que vous mettrez mariner pendant une heure dans un plat creux avec vinaigre, poivre, sel, oignon en tranches, thym, laurier. Retirez-les de la marinade ; tournez-les dans la farine et mettez-les frire dans la poêle avec du beurre, jusqu'à ce qu'ils aient une belle couleur.

Ruchons frits. — Coupez ces petites raies en morceaux, trempez-les dans du lait, puis saupoudrez-les de farine, et jetez-les dans la friture bien chaude.

SAUMONS

Saumon sauce hollandaise. — Choisissez un saumon à l'œil brillant, à chair rosée et ferme au toucher. Ecaillez-le légèrement, coupez-lui les nageoires et le bout de la queue, videz-le par les ouïes pour ne pas l'endommager, et envelop-pez-lui la tête dans un linge, afin qu'elle ne se déforme pas en cuisant.

Ces préparatifs achevés, mettez-le cuire dans une poissonnière avec de l'eau salée.

Après quelques bouillons, retirez-la sur le côté du feu, et laissez cuire doucement pendant une heure environ. Retirez le saumon avec soin, égouttez-le, et dressez-le sur un plat long.

Avec le saumon on sert des pommes de terre cuites à l'eau et une sauce au beurre.

Il arrive souvent que l'on n'ait pas à employer un saumon entier : faites choix dans ce cas d'une tranche épaisse, coupée entre le ventre et la queue, et préparez-la de la même manière que le saumon entier.

Saumon mayonnaise. — Votre saumon cuit comme il vient d'être dit, laissez-le refroidir, dressez-le sur un plat, avec une garniture de persil et servez à part une sauce mayonnaise.

Saumon grillé sauce aux câpres. — Mettez dans un plat du beurre fondu, sel, poivre, persil et ciboules hachés, faites-y mariner des tran-ches de saumon d'un centimètre d'épaisseur pendant environ une heure, enveloppez ensuite chaque tranche dans un papier, imbibé de la marinade, et mettez-les sur le gril pendant 15 minutes environ en ayant soin de les retourner. Une fois bien grillées, dressez-les sur un plat

garni de persil et servez à part une sauce blanche aux câpres.

Saumon salé. — Ayez une tranche de saumon, faites-la dessaler, puis mettez-la cuire
à l'eau comme il a été dit, dressez-la sur un
plat et servez à part une sauce blanche aux
câpres ou une sauce au beurre.

Saumon fumé. — Coupez-en des tranches
minces, sautez-les au beurre sur un feu ardent
en remuant vivement la poêle, égouttez-les, puis
servez-les avec un jus de citron.

Pâté de saumon. — Prenez de la chair de
brochet, environ une livre, et pareille quantité
de chair de merlan, enlevez-en les arêtes et la
peau, ajoutez-y : poivre, sel et muscade en poudre, puis pilez ces chairs, de façon à en former
une espèce de pâte.

Formez une nouvelle pâte en pilant à part de
la mie de pain, de la crême et du beurre. Réu-
nissez-les alors en y ajoutant deux œufs crus
entiers, et quelques truffes hachées menu, si vous
voulez. Maniez bien le tout.

Supprimez les arêtes et la peau d'une belle
tranche de saumon, coupez-la en morceaux de
deux doigts d'épaisseur, mettez-les sur une
assiette, et saupoudrez-les de sel, poivre et
muscade.

Ceci fait, prenez une terrine, garnissez-en le
fond d'un lit de votre farce ; au-dessus de
celle-ci, formez un lit de saumon, recouvrez-le

d'une couche de farce, et continuez ainsi. Recouvrez le tout d'une mince couche de beurre.

Votre terrine remplie, mettez-la cuire au four pendant 1 heure 1/2 en l'arrosant de beurre fondu pendant la cuisson.

Le pâté de saumon se mange chaud ou froid.

SOLES

Sole frite. — Prenez une belle sole, enlevez la peau des deux côtés, videz-la, puis coupez-lui la tête et les barbes.

Lavez-la bien, puis essuyez-la avec un linge sec. Fendez-la ensuite sur le dos, trempez-la dans du lait ou du beurre fondu, puis saupoudrez-la de farine et jetez-la dans la friture bien chaude pendant quelques minutes, suivant la grosseur de la sole.

Sole au gratin. — Nettoyez une sole comme ci-dessus, puis placez dans un plat à rôtir du beurre fondu, sel, poivre, échalotes et persil hachés menu, puis votre sole recouverte des mêmes assaisonnements. Mouillez d'un verre de vin blanc, saupoudrez de mie de pain, et mettez au four pendant un quart-d'heure environ.

Servez la sole dans le plat qui a servi à la faire cuire.

Sole normande. — Prenez une belle sole, nettoyez-la bien, puis faites fondre du beurre dans un plat creux allant au four, ajoutez quelques minces tranches d'oignon, thym, une pincée de

muscade en poudre, persil haché, et par-dessus
tout votre sole, salez et poivrez. Mouillez ensuite de moitié vin blanc, moitié bouillon.
Disposez autour de la sole une douzaine d'huîtres et autant de moules passées à l'eau chaude
pendant quelques minutes, et quelques crevettes
épluchées avec soin. Mettez au four, en arrosant
pendant la cuisson avec le jus. Servez bien
chaud, de préférence dans le même plat, après
25 minutes de cuisson.

Sole marinière. — Prenez une belle sole,
nettoyez-la bien. Ayez un plat creux allant au
feu et versez-y : une demi-bouteille de vin,
blanc ou rouge, ajoutez un oignon piqué de 2
clous de girofle, sel, poivre, thym, mignonnette,
et un bouquet de persil. Laissez bouillir pendant
quelques minutes, puis mettez-y cuire votre sole.
Laissez cuire à feu doux et retirez votre sole
sitôt cuisson. Liez votre sauce avec un bon
morceau de beurre frais, manié de farine.

Passez la sauce et versez sur la sole au moment de servir.

Filets de sole au vin blanc. — Ayez une belle
sole, nettoyez-la bien.

Mettez-la cuire à l'eau salée, enlevez soigneusement les filets que vous couperez en deux ou
trois, suivant la grosseur. Mettez-les sur une
assiette.

Mettez dans une casserole un morceau de
beurre manié de farine, délayez en mouillant
avec du vin blanc. Après avoir fait passer

au beurre quelques champignons, ajoutez-les
à votre sauce, ainsi que leur jus, salez et poivrez. Mettez la casserole à bon feu, et au premier bouillon liez la sauce avec deux jaunes
d'œufs crus, mouillez encore d'un peu de vin
blanc, s'il est nécessaire. Dans cette sauce,
placez vos filets de soles, ajoutez un morceau de beurre et un peu de jus de citron. Laissez mijoter le tout une dizaine de minutes. Servez
les filets avec la sauce.

Filets de soles mayonnaise. — Ayez deux ou
trois soles, faites-les cuire à l'eau salée, égouttez-les, puis enlevez les filets que vous couperez
en deux ou trois morceaux. Mettez-les sur une
assiette, saupoudrez-les de sel et de poivre, et
mouillez d'un peu de vinaigre. Au moment de
servir, dressez ces filets sur un plat, et couvrez-
les d'une sauce mayonnaise.

Garnissez le plat d'œufs durs coupés en morceaux, de quartiers de laitues, de filets d'anchois.

Soles marchand de vin. — Prenez des soles,
nettoyez-les bien, coupez-leur la tête et la queue,
puis mettez-les dans une casserole avec un bon
morceau de beurre; saupoudrez-les de sel, poivre
et ciboules hachées.

Laissez bien cuire en agitant fortement la
casserole et en retournant les soles. Après
cuisson, dressez-les sur un plat, puis versez
par-dessus une sauce au beurre roux à laquelle

vous aurez ajouté : persil et ciboules hachés, et un verre de vin rouge.

SARDINES

Sardines frites. — Essuyez bien vos sardines, saupoudrez-les de farine, et faites-les frire dans du beurre en ayant soin de les retourner. Quelques minutes suffisent. Egouttez-les avec soin et servez chaud.

Sardines grillées. — Essuyez-les bien, passez-les dans du beurre fondu et mettez-les sur le gril pendant quelques minutes seulement.

THONS

Thon frit. — Faites mariner une tranche de thon dans de l'huile d'olive, avec poivre et sel. Ajoutez un filet de vinaigre, thym, laurier et un oignon émincé.

Quand elle sera bien imprégnée de cet assaisonnement, mettez-la frire à feu doux dans du beurre.

Laissez-la bien colorer des deux côtés, puis dressez-la sur un plat, et servez à part une sauce remoulade.

Thon grillé. — Préparez une tranche de thon comme il est dit ci-dessus, puis mettez-la griller à feu doux.

Servez-la avec une sauce aux tomates, ou sur une purée d'oseille.

TRUITES

Truite au court bouillon. — Prenez une belle truite aux écailles brillantes, à l'œil vif, videz-la, puis lavez-la bien après l'avoir écaillée.

Ceci fait, mettez-la cuire dans un court bouillon formé de : moitié eau et moitié vin blanc, oignon piqué de 2 clous de girofle, thym, laurier, persil et sel. Egouttez-la bien après cuisson. Faites réduire une partie du court bouillon, joignez-y un morceau de beurre manié de farine pour lier, salez, poivrez et servez cette sauce à part.

Truite sauce tartare. — Préparez votre truite comme il est dit ci-dessus, puis plongez-la dans une friture bien chaude. Une fois cuite, retirez-la, et égouttez-la bien ; servez à part une sauce tartare.

Truite à la vosgienne. — Après avoir bien nettoyé une belle truite, mettez-la sur un plat, puis saupoudrez-la d'une poignée de sel fin. Laissez-la ainsi pendant une heure en la retournant, puis mettez-la dans une poissonnière avec une bouteille de vin blanc sec, bouquet composé de : thym, laurier, persil, 2 oignons piqués de clous de girofle et une petite gousse d'ail. Ajoutez au tout un bon merceau de beurre manié de farine. Faites bouillir pendant 20 ou 25 minutes selon la grosseur de la truite. Dressez-la sur un plat, passez votre sauce, et versez-la par-dessus.

Truites grillées. — Prenez de petites truites, et une fois bien nettoyées, mettez-leur dans le corps un morceau de beurre, manié de fines herbes hachées, sel et poivre. Faites-les cuire sur le gril à feu doux en ayant soin de les retourner.

On sert parfois à part une sauce poivrade.

TANCHES

Tanches à la poulette. — Après avoir passé vos tanches pendant quelques minutes à l'eau bouillante, écaillez-les, puis videz-les.

Faites fondre dans une casserole un bon morceau de beurre manié de farine ; délayez en mouillant avec du vin blanc ; salez, poivrez ajoutez : bouquet de thym, laurier, persil. Laissez bien chauffer le tout, puis ajoutez vos tanches coupées en morceaux. Passez au beurre, dans une autre casserole, une dizaine de petits oignons blancs bien épluchés, joignez-les aux tanches.

Mouillez de vin blanc, si la sauce ne vous paraît pas assez longue ; laissez mijoter jusqu'à parfaite cuisson, et avant de servir liez avec un ou deux jaunes d'œufs.

Tanches grillées. — Vos tanches préparées comme il vient d'être dit, farcissez-en l'intérieur d'un bon morceau de beurre manié de persil et ciboules hachés menu, sel et poivre. Entourez-les d'un papier beurré, et mettez-les sur le gril, à feu doux, pendant quelques minutes ; ayez soin de retourner.

Dressez-les sur un plat, et servez à part une
sauce Robert ou une sauce moutarde.

Tanches au bleu. — Vos tanches bien nettoyées, faites-les cuire dans un court bouillon
avec moitié vin blanc et moitié eau, thym,
laurier, et un oignon piqué de deux clous de
girofle.

Egouttez-les, dressez-les sur un plat, et servez
à part une sauce blanche aux câpres.

Tanches à la hollandaise. — Cuites au court
bouillon, servez-les avec une garniture de pommes de terre cuites à l'eau, et une sauce au
beurre.

TURBOT

Turbot au bleu. — Videz, lavez votre turbot,
nettoyez-le bien, puis frottez-le avec un morceau de citron.

Prenez une marmite, ou mieux une turbotière,
et mettez-y votre turbot avec une quantité
d'eau suffisante pour qu'elle le recouvre entièrement. Ajoutez une pinte de lait et une poignée
de gros sel, 4 oignons coupés en rondelles,
thym, laurier et persil. Faites partir à feu vif.
Retirez au premier bouillon, et laissez achever
la cuisson sur le côté du fourneau.

Egouttez bien votre turbot, puis dressez-le
sur un plat.

Servez à part, soit une sauce blanche aux
câpres, soit une sauce au beurre, et des pommes
de terre cuites à l'eau.

Le turbot se mange également froid avec une sauce à l'huile et au vinaigre, ou une mayonnaise.

XII. — LES ŒUFS

Lait de poule. — Battez au moyen d'une fourchette un jaune d'œuf, que vous aurez mis dans une tasse, et auquel vous aurez joint du sucre en poudre.

Une fois votre mélange presque blanc, versez peu à peu de l'eau ou du lait bouillant en ayant soin de tourner tout le temps et toujours dans le même sens.

Le lait de poule se boit très chaud.

Œufs à la coque. — Faites bouillir de l'eau dans une casserole, puis mettez-y vos œufs; le temps de la cuisson varie, suivant les goûts, de trois à cinq minutes. Tel est, du moins, le mode généralement usité, mais il vaut mieux mettre les œufs dans une casserole d'eau froide, que l'on place de suite sur un feu vif. Quand l'eau bout, les œufs sont cuits à point.

Œufs mollets. — Mettez vos œufs à l'eau bouillante, pendant 5 minutes, retirez-les, puis passez-les à l'eau froide. Otez-en avec soin les coquilles, et servez-les entiers avec une sauce blanche, ou sur une purée d'oseille.

Œufs durs. — Mettez vos œufs dans l'eau bouillante, pendant un quart-d'heure. Passez-les ensuite à l'eau froide, puis ôtez la coquille.

Œufs à la sauce blanche. — Vos œufs cuits durs, détâchez la coquille, coupez-les en deux dans la longueur. Ceci fait, versez une sauce blanche sur un plat et disposez vos œufs dessus.

Œufs au miroir ou sur le plat. — Prenez un plat qui aille au feu, cassez-y vos œufs en faisant attention de ne pas crever les jaunes. Ajoutez quelques petits morceaux de beurre, sel et poivre. Laissez cuire doucement en soulevant le blanc de temps en temps, puis servez.

Œufs au beurre noir. — Prenez une assiette, et cassez-y vos œufs avec soin. Saupoudrez-les de sel et de poivre, puis glissez-les dans la poêle où vous aurez fait brunir du beurre. Après 3 minutes de cuisson, retirez la poêle du feu, coulez les œufs sur le plat à servir, mettez dans la poêle un filet de vinaigre, que vous laissez réduire une ou deux minutes, et versez sur les œufs.

Œufs pochés. — Laissez tomber dans l'eau bouillante salée et légèrement acidulée, des œufs bien frais, que vous cassez au-dessus de la casserole, retirez la casserole du feu et couvrez-la. Au bout de quelques minutes, retirez les œufs avec précaution, au moyen d'une écumoire, et mettez-les égoutter, puis servez-les sur une sauce blanche, ou sur une purée d'oseille.

Œufs à la Bisontine. — Mettez dans une casserole moitié bouillon et moitié vin rouge, thym, laurier, un oignon, sel, poivre et 4 épices.

Laissez bouillir le tout, retirez le bouquet, et dans ce bouillon, pochez vos œufs. Retirez-les, dressez-les sur un plat, et par-dessus versez votre sauce réduite à laquelle vous aurez ajouté, pour la lier, un morceau de beurre manié de farine.

Œufs à la bourguignonne. — Mettez un bon morceau de beurre dans une casserole, faites-y frire des oignons coupés en petits dés, ajoutez une cuillerée de farine, et remuez en mouillant avec du vin rouge. Coupez des œufs durs en rouelles, joignez-les à la sauce. Salez, poivrez ; laissez chauffer 5 minutes, puis servez.

Œufs frits. — Faites chauffer du beurre, ou à défaut, ayez une friture de saindoux bien chaude.

Cassez-y des œufs un à un, retournez-les adroitement, laissez-les cuire des deux côtés, sans que les jaunes durcissent, puis servez-les sur une sauce blanche, ou une sauce Robert, ou une sauce aux tomates.

Œufs frits au jambon ou au lard. — Faites frire dans la poêle quelques tranches de lard ou de jambon fin coupées. Placez-les sur un plat que vous tenez au chaud. Remettez la poêle au feu, et faites frire vos œufs dans la graisse fondue du lard ou du jambon. Salez, poivrez, et servez sur le lard ou le jambon.

Œufs à la neige. — Mettez des jaunes d'œufs dans un plat ; dans un autre plat creux, les blancs avec une petite pincée de sel. Battez les blancs en neige ; joignez-y une cuillerée à café de sucre en poudre, puis avec une grande cuillère prenez de cette neige. Formez-en de petites boules, que vous détacherez avec une cuillère à bouche trempée dans du lait en ébullition. Pochez-les dans du lait bouillant, salé et aromatisé d'un peu de vanille. Evitez que les boules ne se touchent ; au bout de 3 minutes, retirez-les ; mettez-les égoutter, puis dressez-les sur un plat en forme de pyramide.

Délayez dans du lait bouillant les jaunes d'œufs, remuez avec une cuillère sans laisser bouillir ; puis une fois cette crême bien épaissie, versez-la sur vos œufs.

Œufs à l'allemande. — Mettez dans un plat allant au feu un morceau de beurre, faites-y revenir quelques petites saucisses. Au milieu des saucisses, cassez vos œufs, en ayant soin de ne pas crever les jaunes, laissez cuire quelques minutes, ajoutez un filet de vinaigre, puis servez dans le même plat.

Œufs brouillés. — Mettez dans un plat quelques morceaux de beurre, puis vos œufs cassés ; ajoutez sel, poivre, et fines herbes hachées menu, battez bien le tout, puis versez ce mélange dans la poêle, que vous placez sur un feu doux, remuez constamment avec une cuillère en bois, et au bout de quelques minutes, c'est-à-dire dès

que les œufs commenceront à prendre, retirez-les.

Œufs brouillés aux pointes d'asperges. —
Brouillez vos œufs comme ci-dessus, en y ajoutant des pointes d'asperges cuites à l'eau salée ;
on ajoute également aux œufs brouillés, de la
ciboule, des oignons hachés menu.

Œufs brouillés au jambon. — Ajoutez à vos
œufs du jambon cuit, coupé en petits dés, puis
procédez comme pour les œufs brouillés aux
pointes d'asperges.

Œufs farcis. — Ayez des œufs cuits durs,
enlevez-en la coquille, puis coupez-les en deux
dans la longueur. Retirez les jaunes, hachez-les
menu, puis pétrissez-les avec du beurre frais, du
lait, de la mie de pain, fines herbes, sel et muscade en poudre.

Remplissez les blancs de cette farce.

Ceci fait, garnissez le fond d'un plat d'une
mince couche de farce, placez par-dessus vos
œufs, la partie farcie au-dessus. Mettez-les cuire
au four pendant une vingtaine de minutes,
servez bien chaud.

Œufs à la Béchamel. — Faites cuire des œufs
durs, coupez-les en rouelles assez épaisses, dressez-les sur un plat et par-dessus versez une
sauce béchamel.

Œufs à la bordelaise. — Mettez dans une
casserole un verre de vin blanc, un morceau de
beurre manié de farine, poivre, sel, persil et

échalotes hachés, puis laissez bouillir le tout
pendant environ dix minutes, et versez cette
sauce sur des œufs mollets dressés sur un
plat.

Œufs en tripes. — Mettez dans une casserole
un bon morceau de beurre et faites-y cuire des
oignons coupés en petits dés. Ajoutez un peu
de farine, poivre, sel, et mouillez de crême ou
de lait.

Ayez des œufs durs, coupez-les en quatre,
dressez-les sur un plat, et par-dessus versez
votre sauce bien chaude.

Omelette. — Cassez quelques œufs dans un
plat creux, ajoutez-y poivre, sel et un peu d'eau.
Battez-les bien pendant une minute. Faites
fondre, sans le laisser roussir, un morceau de
beurre, dans la poêle, à feu vif, versez vos œufs
bien battus en les remuant avec la fourchette ;
après 3 ou 4 minutes de cuisson, repliez l'omelette en deux et servez-la bien chaude.

Omelette au lard. — Coupez du lard en petits
dés, et faites-les revenir dans la poêle avec un
morceau de beurre. Par-dessus, versez les œufs,
que vous avez battus et assaisonnés comme
il est dit ci-dessus. Remuez et servez bien
chaud.

Omelette au fromage. — Préparez vos œufs
comme pour l'omelette ordinaire. Quand ils
sont bien battus, saupoudrez-les de fromage de

Gruyère-râpé, ou découpé en très petits morceaux extrêmement minces, et mélangez bien le tout.

Versez ce mélange dans la poêle où vous aurez fait fondre du beurre ; laissez cuire quelques minutes, puis servez bien chaud.

Omelette aux pointes d'asperges. — Ayez des asperges cuites à l'eau salée. Coupez-en la partie tendre en petits morceaux, battez-les avec les œufs, salez, poivrez, et procédez ensuite comme pour l'omelette ordinaire.

Omelette au sucre. — Préparez vos œufs comme pour l'omelette ordinaire, quand ils sont bien battus, ajoutez du sucre blanc en poudre, procédez ensuite comme pour l'omelette ordinaire.

Pliez l'omelette en deux ; dressez-la sur un plat garni de sucre râpé et saupoudrez-la également de sucre.

Omelette au rhum. — Votre omelette au sucre dressée sur le plat, arrosez-la de rhum, mettez-y le feu, et servez-la flambante.

Omelette aux confitures. — Battez bien vos œufs en y mêlant un peu de sucre, versez-les dans la poêle, où vous aurez fait fondre du beurre, et avant de la replier, garnissez-la de quelques cuillerées de confiture à votre choix.

Saupoudrez-la de sucre, et servez bien chaud.

Omelette aux fines herbes. — En battant vos œufs, ajoutez-y de fines herbes hachées, et procédez comme pour l'omelette ordinaire.

Omelette à la Jardinière. — Ajoutez aux œufs battus : ciboules, cresson, alénois, cerfeuil, estragon, le tout haché menu, et terminez comme ci-dessus.

Omelette au rognon. — Ayez un rognon de veau rôti ; coupez-le en petits morceaux ; mélangez-les aux œufs et faites votre omelette comme il a été dit.

Omelette soufflée. — Battez 6 jaunes d'œufs en y ajoutant quatre cuillerées de sucre blanc en poudre. Fouettez les blancs de vos œufs en neige et joignez-les aux jaunes. Remuez bien le tout, ajoutez quelques gouttes d'eau de fleur d'oranger, puis versez ce mélange dans un plat creux où vous aurez fait fondre du beurre, saupoudrez-le de sucre blanc et faites cuire au four, modérément chauffé. Quinze ou vingt minutes de cuisson suffisent.

L'omelette soufflée doit se préparer au dernier moment et ne rester au feu que le temps strictement nécessaire. Si elle est trop cuite, elle retombe et perd sa légèreté.

Omelette à la Célestine. — Faites 4 ou 5 omelettes au sucre, chacune de un œuf ou deux.

Garnissez l'une d'elles de confiture d'abricots, l'autre de confiture de groseilles, etc.

Rangez-les ensuite en couronne sur un plat,

en les saupoudrant de sucre blanc, et passez par-dessus la pelle rougie au feu. Servez de suite.

XIII. — LES ENTREMETS

ET

LE DESSERT

BEIGNETS

Pâte à beignets. — Mettez 125 grammes de farine dans une terrine, ajoutez-y deux jaunes d'œufs, puis remuez bien en mouillant avec de l'eau tiède.

Ajoutez deux cuillerées à bouche de beurre frais fondu, le blanc de vos œufs battu en neige, quelques grains de sel, et deux cuillerées d'eau-de-vie, battez bien le tout, et continuez à travailler votre pâte jusqu'à ce qu'elle devienne assez épaisse pour bien envelopper les objets que vous y tremperez.

Beignets de pommes. — Prenez quelques belles pommes, pelez-les soigneusement, enlevez-en les pepins au moyen du vide-pomme ; coupez ensuite les pommes en tranches minces, mettez-les sur une assiette, saupoudrez-les de sucre, puis arrosez-les d'un verre de rhum. Au moment de servir les beignets, essuyez bien avec un linge blanc vos tranches de pommes, trempez-les dans la pâte à beignets, puis plongez-les dans une friture bien chaude. Laissez-les prendre belle couleur, puis retirez-les, et mettez les égoutter en les plaçant sur une serviette. Dressez-les ensuite sur un plat, et saupoudrez-les de sucre blanc râpé.

On prépare de la même manière les beignets de poires. Si on emploie les pêches ou les abricots, il faudra couper ces fruits en deux. L'orange se coupe par quartiers, et on en retire les pepins.

Croquettes de riz. — Faites cuire du riz à l'eau salée, retirez-le du feu, puis mélangez-y du sucre en poudre et quelques jaunes d'œufs de façon à en former une pâte épaisse. Formez-en des boulettes de 6 à 7 centimètres de longueur et de forme cylindrique ; roulez-les dans des jaunes d'œufs, saupoudrez-les de mie de pain, puis plongez-les dans une friture bien chaude. Egouttez-les avant de servir.

Pets de Nonne. — Faites bouillir dans une casserole 25 centilitres d'eau légèrement salée, joignez-y du beurre et du sucre en quantité égale, trente grammes de chaque, ajoutez quand ce mélange est en ébullition 150 grammes de farine, et remuez avec une cuillère en bois, de manière à former une pâte consistante. Après quelques minutes, retirez la casserole du feu, ajoutez un œuf à son contenu en remuant vivement, puis un second, et ainsi de suite jusqu'à ce que votre pâte soit bien maniable.

On s'en assure en la prenant avec une cuillère. Elle est bonne à employer si elle n'y reste pas attachée.

Ayez une friture bien chaude, et laissez-y tomber un peu de pâte que vous prenez avec une cuillère à potage.

Cette pâte se gonfle de suite dans la friture ; remuez avec soin pour faire prendre belle couleur, retirez les pets de nonne, égouttez-les, dressez-les sur un plat, et saupoudrez-les de sucre.

BISCUITS

Pâte à biscuits. — Mettez dans une terrine six jaunes d'œufs, deux cent cinquante grammes de sucre, un peu de vanille et quelques gouttes d'eau de fleur d'oranger.

Battez bien le tout pendant une demi-heure.

Dans un plat à part, battez également vos blancs d'œufs en neige très compacte, mêlez-les aux jaunes, puis à ce mélange, joignez 125 grammes de fleur. Remuez bien et formez votre pâte.

Biscuits en caisses. — Ayez de petites caisses de papier, mettez-y de la pâte de biscuits, saupoudrez-la de sucre blanc, puis faites cuire au four pendant un quart-d'heure.

Ces biscuits se servent chauds et saupoudrés de sucre.

Biscuits au chocolat. — Après avoir ajouté votre farine à votre pâte à biscuits, joignez-y

aussi une certaine quantité de chocolat en poudre ; faites cuire les biscuits en caisse comme il
est dit plus haut.

Petits biscuits à la vanille. — Battez en neige
quelques blancs d'œufs, ajoutez-y du sucre, en
assez grande. quantité, un peu de vanille, et de
la farine. Formez de ce mélange votre pâte
à biscuits, puis à l'aide d'une cuillère à café,
formez-en de petits tas bien ronds, et bien
réguliers, sur une feuille de papier blanc. Faites-
les cuire au four pendant une dizaine de minutes après les avoir saupoudrés de sucre en poudre. En mouillant la feuille de papier en dessous avec un peu d'eau tiède, les biscuits se
détachent facilement.

BRIOCHES

Délayez cinq grammes de levure de bière nouvelle et soixante grammes de fleur dans un peu
d'eau tiède, formez une pâte molle. Couvrez ce
levain d'une serviette enduite de farine puis
d'une couverture de laine, placez le tout dans
un endroit chaud jusqu'à ce que votre pâte soit
doublée.

Prenez alors 180 grammes de farine, étendez-la
sur une table, faites un creux au milieu, mettez-
y 150 grammes de beurre frais, 4 grammes de
sel, 4 œufs entiers, 30 centilitres de crême ; mélangez et pétrissez de manière à obtenir une
pâte unie.

Etalez cette pâte, mélangez-y le levain, placez

le tout dans une serviette; laissez reposer douze heures dans une place à 15° (même température été ou hiver).

Votre pâte ainsi reposée, vous l'aplatissez avec un rouleau, vous repliez les bords vers le centre et vous roulez de nouveau. Répétez cette opération plusieurs fois. Laissez encore reposer quatre heures, roulez-la de nouveau, puis façonnez la pâte en petites boules. Dorez-les avec du jaune d'œuf, placez-les sur une plaque légèrement beurrée et faites cuire au four à feu vif.

COMPOTES

Compote d'oranges. — Prenez quelques oranges, bien lourdes, à peau fine, pelez-les avec soin, divisez-les en quartiers, enlevez les pepins, ils donnent un goût amer à la compote.

Ceci fait, mettez vos morceaux d'orange dans un compotier, et versez par-dessus du sirop de sucre très chaud, et en quantité suffisante pour que vos oranges baignent bien.

Compote de pommes. — Supprimez-en l'intérieur, à l'aide du vide-pomme, pelez-les, coupez-les en deux ou en quatre suivant leur grosseur, mettez-les dans l'eau froide, pour leur conserver leur fraîcheur; puis faites-les cuire dans une casserole en y ajoutant un verre d'eau, quelques morceaux de sucre et un peu de cannelle en poudre.

Placez-les dans un compotier et versez leur sirop par-dessus.

Compote de poires. — Elle se fait comme la compote de pommes, mais on ne supprime pas l'intérieur et on laisse les poires entières. Quand elles sont presque cuites, on peut y ajouter un verre de vin rouge, et les laisser mijoter quelques minutes avant de les servir.

Compote d'abricots. — Prenez de beaux abricots, coupez-les en deux, et enlevez-en les noyaux.

Mouillez 125 grammes de sucre environ d'un verre d'eau, placez-y vos abricots, faites bouillir le tout, puis écumez. Une fois que les abricots céderont sous la pression du doigt, dressez-les dans le compotier, versez par-dessus le sirop réduit et laissez refroidir.

Compote de pêches. — La compote de pêches se fait comme celle d'abricots, seulement il faut avoir soin de peler les pêches.

Compote de prunes. — Prenez une livre de prunes, mettez-les entières et avec leurs noyaux dans une casserole avec 125 grammes de sucre. Mouillez-les d'un verre d'eau. Faites bouillir, puis écumez, dressez dans un compotier, versez par-dessus le sirop réduit et laissez refroidir.

Compote de pruneaux. — Mettez tremper vos pruneaux à l'eau froide pendant 2 heures, retirez-les, puis mettez-les cuire dans une casserole avec 3 verres d'eau et 125 grammes de sucre par livre de pruneaux, ajoutez un peu de cannelle. Quand les pruneaux sont cuits, ce qui demande environ 2 heures, ajoutez un verre de bordeaux, laissez-les bouillir quelques minutes encore, puis dressez-les dans le compotier, et arrosez-les de leur sirop.

Compote de cerises. — Prenez de belles cerises bien mûres, coupez l'extrémité des queues, passez-les à l'eau fraîche, puis égouttez-les. Mettez-les cuire ensuite dans une casserole avec un peu d'eau et de sucre. Après quelques bouillons, dressez-les dans un compotier ; faites réduire le jus de la cuisson, versez-le par-dessus et laissez refroidir.

Salade de fraises. — Lavez bien vos fraises, retirez-en les queues, puis mettez-les dans un saladier, saupoudrez-les de sucre blanc en poudre, puis mouillez de très peu d'eau pour faire fondre le sucre.

Ajoutez la quantité de vin rouge nécessaire, remuez bien et servez.

On fait de la même manière une salade de framboises.

Au lieu de vin et d'eau on obtient une excellente salade de fraises en les saupoudrant de sucre en poudre et en les arrosant d'un jus de citron, voire même d'un filet de vinaigre.

CRÈMES

Crème économique. — Délayez dans un demi-litre de lait bien frais, une cuillerée à bouche de fécule de pomme de terre et trois jaunes d'œufs. Mettez ce mélange dans une casserole, sur un feu vif, ajoutez-y quelques gouttes d'eau de fleur d'oranger. Après 5 minutes de cuisson, versez la crême sur un plat ou dans des petits pots, laissez refroidir avant de servir.

Crême au café. — Préparez deux tasses de café noir bien fort, et mélangez-les avec un demi-litre de lait bien frais, un demi-quart de sucre blanc en poudre, 6 jaunes d'œufs, et trois blancs, bien battus. Versez ce mélange dans un plat creux et faites cuire au bain-marie, pendant un quart-d'heure.

La crême au café se sert froide.

Crême au thé. — Mettez dans une théière trois cuillerées à café de thé noir et une de thé vert ; versez par-dessus 1/2 litre de lait bouillant, bien frais, laissez infuser deux minutes, passez au tamis, versez le lait dans un plat creux ; ajoutez-y : un quart de sucre blanc en poudre, 6 jaunes d'œufs, et 2 blancs battus. Mélangez bien.

Procédez ensuite comme pour la crême au café.

Crême au chocolat. — Prenez cent grammes de chocolat, cassez-le par morceaux, et faites-le fondre dans un litre de lait bien frais ; ajoutez cinquante grammes de sucre blanc, puis laissez bouillir, et réduire de moitié.

Ceci fait, versez peu à peu dans ce mélange : un œuf entier battu avec quatre jaunes, en ayant soin de tourner dans le même sens avec une cuillère en bois.

Quand la liaison est bien faite, mettez votre crême dans un plat creux et faites-la cuire au bain-marie jusqu'à ce qu'elle soit bien prise.

Crême à la vanille. — Mettez dans une casserole un litre de lait, avec un quart de sucre et un morceau de vanille. Faites bouillir quelques minutes, puis retirez du feu ; ajoutez à ce mélange, 6 jaunes d'œufs et 3 blancs bien battus.

Continuez comme pour la crême au chocolat.

Crême au caramel. — Faites cuire un quart de sucre avec une cuillerée d'eau. Laissez-lui prendre une couleur brune, puis versez dessus environ un litre de lait bouillant mélangé de 3 jaunes d'œufs.

Ceci fait, passez au tamis ; versez la crême dans un plat creux, faites cuire au bain-marie puis laissez-la refroidir, couvrez-la de sucre blanc en poudre et faites-lui prendre couleur en promenant au-dessus, sans la toucher, la pelle rougie au feu.

Crême à la fleur d'oranger. — Prenez une demi-livre de sucre, 5 jaunes d'œufs et un blanc, puis trois cuillerées à café d'eau de fleur d'oranger ; mélangez le tout avec un litre de lait bien frais, puis faites cuire au bain-marie.

Versez votre crême sur un plat, saupoudrez-la de sucre, glacez avec la pelle rougie, puis laissez-la refroidir avant de servir.

Crême aux fruits. — Ayez dans une terrine un litre de crême bien fraîche ; ajoutez-y du sucre en poudre, un petit bâton de vanille cassé par morceaux, et fouettez-la vivement ; afin que la mousse se forme plus facilement, ajoutez à l'avance 8 ou 10 grammes de colle de poisson.

Disposez dans un plat creux un lit de crême ; puis par-dessus, mettez une couche de fraises, bien mûres et bien épluchées, puis un nouveau lit de crême, et ainsi de suite, en ayant soin de terminer par la crême. On peut également se servir de framboises.

Garnissez les bords du plat de petits biscuits et, en attendant le moment de servir tenez la crême au frais.

Crême fouettee. — Prenez un litre de crême, ajoutez-y un peu de gomme en poudre.

Mettez le tout dans un vase, que vous poserez dans un autre vase plus grand à demi rempli d'eau fraîche. Fouettez vivement votre crême jusqu'à ce qu'elle se forme en mousse épaisse. Enlevez celle-ci avec une écumoire, placez-la sur un tamis, et dans un lieu frais, pour la faire égoutter, puis recommencez à fouetter jusqu'à ce qu'il ne vous reste plus rien de la crême.

Mélangez alors à la mousse du sucre en poudre et quelques gouttes d'eau de fleur d'oranger, et dressez-la sur un plat garni de biscuits.

Crême fouettée au café. — Il suffit de mélanger à la crême avant de la fouetter une tasse de café noir très fort.

Crème fouettée au chocolat. — Il suffit de mêler à la crème avant de la fouetter du chocolat délayé dans un peu d'eau tiède.

Enfin, on obtient des crêmes fouettées à l'anisette, au marasquin, etc., en mêlant à la crême un petit verre de ces liqueurs.

Choux à la crême. — Prenez de la pâte à beignets, un peu épaisse ; formez-en des boules grosses comme des œufs, roulez-les dans la farine ; disposez-les sur une plaque de tôle que vous avez soin de recouvrir d'une feuille de papier, dorez-les à l'aide d'un pinceau trempé dans du jaune d'œuf, et mettez-les au four, à feu modéré. Laissez-leur prendre une belle couleur blonde, puis retirez-les.

Ouvrez vos choux par le dessus, garnissez-les d'une cuillerée de crême à la vanille, ou autre, puis remettez-les au four pendant quelques minutes.

Avant de servir les choux, — ils se mangent froids, — saupoudrez-les de sucre blanc en poudre.

CRÊPES

Crêpes. — Prenez de la pâte à beignets, pas trop épaisse. Faites fondre dans la poêle du saindoux ou du beurre. Quand le saindoux ou le beurre est bien chaud, versez par-dessus une forte cuillerée de pâte. Laissez prendre belle couleur, d'un côté, puis retournez ; dressez les crêpes sur un plat, puis saupoudrez-les de sucre blanc râpé. Les crêpes se mangent chaudes.

GATEAUX

Gâteau de riz. — Prenez deux cents grammes de riz, lavez-le bien, puis faites-le crever dans du lait. Assaisonnez de quelques gouttes d'eau de fleur d'oranger, et d'un peu de sel.

Mouillez peu à peu de lait bien chaud si le riz devenait trop épais, mais ne le remuez pas, car il brûlerait. Quand il est cuit, retirez-le sur le côté du fourneau, laissez-le refroidir un peu, puis ajoutez : trois œufs, un morceau de beurre frais, de la grosseur d'une noix, et du sucre en poudre, tournez ce mélange avec une cuillère en bois et dans le même sens, puis versez votre riz dans un moule enduit de beurre, et mettez-le au four, pendant une demi-heure, à feu modéré.

Servez chaud quand le dessus aura pris belle couleur.

Riz au four. — Prenez du riz au lait en quantité nécessaire, mélangez-y deux jaunes d'œufs et une cuillerée à bouche de sucre blanc en poudre. Joignez à ce mélange quelques gouttes d'eau de fleur d'oranger.

Ceci fait, beurrez un plat allant au four, remplissez-le de riz, saupoudrez-le de sucre râpé, et faites cuire au four pendant 25 minutes environ.

Gâteau de semoule. — Ayez du lait bouillant, ajoutez-y un peu de sel, puis de la semoule en quantité nécessaire pour former une bouillie épaisse. Saupoudrez de deux bonnes cuillerées de sucre blanc râpé, ajoutez un peu de vanille et des œufs entiers, blancs et jaunes, proportionnellement à la quantité de semoule. Laissez cuire pendant environ cinq minutes, retirez du feu.

Mêlez bien, puis versez le tout dans un moule bien beurré. Saupoudrez de sucre blanc râpé, puis mettez au four à feu doux.

Le gâteau de semoule se mange chaud.

Gâteau d'amandes. — Prenez environ 100 grammes d'amandes douces, et dix grammes d'amandes amères. Trempez-les dans l'eau bouillante pendant quelques minutes, pour pouvoir en détacher facilement la peau. Ceci fait, égouttez-les bien, essuyez-les ; et enfin, pilez-les dans un mortier, en les mouillant de temps en temps d'un peu d'eau.

Quand elles formeront une pâte, ajoutez-y : 6 jaunes d'œufs battus, 200 grammes de sucre râpé, une cuillerée à bouche d'eau de fleur d'oranger, 200 grammes de farine, et autant de beurre bien frais.

Mélangez le tout, de manière à former une pâte bien liée. Versez-la dans un moule beurré à l'avance, et mettez au four, à feu doux, pendant une heure.

Le gâteau d'amandes se mange chaud ou froid, saupoudré de sucre blanc.

Gâteau de Savoie. — Prenez une quantité de farine proportionnée à la dimension du gâteau que vous désirez préparer, 150 grammes, par exemple. Ajoutez-y : 6 jaunes d'œufs bien battus, et 300 grammes de sucre blanc en poudre. Maniez bien le tout, et ajoutez quelques gouttes d'eau de fleur d'oranger.

Ceci fait, fouettez vos blancs d'œufs, ajoutez-les à la pâte, remuez-la bien et versez-la dans un moule beurré. Saupoudrez de sucre râpé, mettez au four, à feu doux, pendant une demi-heure.

Retirez du feu, renversez le gâteau sur un plat, et laissez refroidir avant de servir.

Gâteau de pommes de terre. — Pelez des pommes de terre, lavez-les bien, puis faites-les cuire à l'eau salée. Retirez-les, égouttez-les, puis écrasez-les avec soin, en y ajoutant petit à petit du lait.

Ceci fait, ajoutez à la pâte trois jaunes d'œufs, quelques gouttes d'eau de fleur d'oranger et un morceau de beurre bien frais. Maniez bien le tout en y incorporant les blancs d'œufs battus en neige, puis versez le tout dans un moule beurré sans le remplir tout à fait. Mettez au four pendant une demi-heure, à feu vif; quand le gâteau a belle couleur, retirez-le du feu, puis renversez-le sur un plat, et saupoudrez-le de sucre.

Gâteau d'Alsace. — Maniez 400 grammes de farine avec 100 grammes de beurre frais. Ajoutez : un peu de sel, un petit verre de levure de bière bien fraîche, et 4 œufs, blancs et jaunes, battus. Travaillez le tout jusqu'à ce que vous ayez obtenu une pâte consistante, mouillez d'un peu d'eau s'il est nécessaire, en la maniant pour qu'elle ne soit pas trop dure. Mettez ensuite ce mélange dans un moule beurré, sans le remplir tout à fait. Placez le moule près du feu, couvrez-le d'un linge, afin de laisser lever le gâteau pendant une heure environ ; ceci fait, mettez-le au four pendant 45 à 50 minutes ; puis versez-le sur un plat.

Gâteau berrichon. — Mettez sur une table la quantité de farine proportionnée à la grosseur du gâteau que vous désirez. Faites un creux au milieu, et placez-y un peu d'eau salée et un bon morceau de beurre frais. Maniez le tout pour en former une pâte, roulez-la bien à l'aide d'un rouleau, puis étendez dessus une couche de fromage blanc ; pliez la pâte en deux ; remaniez-la, puis roulez-la de nouveau, donnez enfin à votre gâteau une jolie forme. Mettez-le au four pendant une demi-heure, puis servez-le saupoudré de sucre blanc.

Gâteau limousin — Prenez de beaux marrons, épluchez-les bien, puis passez-les pendant quelques minutes à l'eau bouillante pour pouvoir détacher facilement la peau. Coupez-les alors en morceaux, et pilez-les dans un mortier. Ajoutez à la pâte du beurre frais, du sucre, quelques jaunes d'œufs et un peu de vanille en poudre.

Travaillez bien ce mélange, puis mettez-le

dans une tourtière beurrée, faites cuire au four pendant une heure environ.

Gâteau de biscottes. — Faites fondre dans du lait bouillant, quelques morceaux de sucre blanc, puis un morceau de beurre bien frais. Ajoutez : un petit verre d'eau-de-vie, et quelques blancs et jaunes d'œufs battus. Remuez bien, ayant soin de tourner toujours dans le même sens, avec une cuillère de bois, jusqu'à ce que le mélange soit bien fait, et enfin, dans ce mélange, mettez vos biscottes.

Quand elles seront bien trempées, formez-en une pâte que vous mettrez dans un moule beurré, puis au four. Laissez cuire pendant une demi-heure, retournez avec soin le gâteau sur un plat ; servez-le saupoudré de sucre râpé.

Gâteau de famille. — Faites tremper dans 1/2 litre de lait bien frais, 10 mastelles brisées en morceaux, et quelques minces tranches de pain d'épice. Ajoutez-y quelques jaunes d'œufs battus et une poignée de raisins de Corinthe.

Après une demi-heure, pétrissez le tout ensemble, ajoutez à la pâte un petit verre de rhum. Formez votre gâteau, et faites-le cuire au four pendant 40 minutes.

Ce gâteau se mange froid.

Madeleines. — Mettez dans un plat creux 100 grammes de beurre, joignez-y 100 grammes de sucre et autant de farine, 3 jaunes d'œufs et un petit verre d'eau de fleur d'oranger. Mélangez bien le tout, en y ajoutant deux blancs d'œufs battus en neige, et faites cuire au four dans de petits moules beurrés pendant 1/2 heure environ.

Servez les madeleines saupoudrées de sucre blanc en poudre, et passez par-dessus la pelle rougie au feu.

Tôt fait. — Prenez un même poids de farine, de beurre et de sucre, que d'œufs pesés avec leurs coquilles. Ajoutez un peu de sel. Mélangez le tout dans une terrine, et formez-en une pâte à laquelle vous ajouterez quelques gouttes d'eau de fleur d'oranger.

Ceci fait, placez votre pâte dans un moule beurré, mettez-le au four pendant une heure environ, dressez le gâteau sur un plat, saupoudrez-le de sucre.

Le *tôt fait* se mange chaud ou froid à volonté.

GAUFRES

Gaufres. — Prenez 500 grammes de farine et 500 grammes de sucre en poudre. Mélangez-les dans un plat creux, travaillez bien le tout en le mouillant avec du lait ou de la crême, de manière à former une pâte claire. Ajoutez une pincée de cannelle et quelques gouttes d'eau de fleur d'oranger, ou un peu de vanille.

Ayez un fer à gaufres, faites-le chauffer des deux côtés sans rougir, graissez-le avec du beurre frais, puis, à l'aide d'une cuillère, versez-y de la pâte de façon à le remplir tout à fait.

Refermez le fer sans le serrer trop fort, et

laissez cuire les gaufres environ 2 minutes de chaque côté.

Retirez-les, dressez-les sur un plat bien chaud, et saupoudrez-les de sucre blanc en poudre.

Gaufres flamandes. — Faites fondre un peu de bonne levure de bière dans de l'eau tiède, ajoutez-y un petit morceau de beurre fondu. Délayez dans ce mélange 500 grammes de farine, ajoutez quelques œufs battus et une pincée de sel. Travaillez bien le tout en mouillant de lait, et formez-en une pâte claire. Mettez cette pâte près du feu, couvrez-la et laissez-la lever pendant deux heures.

Ensuite, il ne vous reste qu'à faire vos gaufres comme il est dit plus haut.

MARMELADES

Marmelade de cerises. — Epluchez, ôtez les queues, et enlevez les noyaux à 3 kilogrammes de cerises aigres. Faites-en autant à 5 kilogrammes de cerises douces. Prenez ensuite le jus de 1 kilogramme de framboises et d'une demi-livre de groseilles, mettez le tout dans une terrine, ajoutez 3 kilogrammes de sucre blanc, et laissez fermenter pendant une nuit.

Versez-le alors dans une marmite en cuivre non étamée, et faites cuire à petit feu pendant 6 heures. Versez la marmelade encore chaude dans des pots, et ne les fermez qu'après refroidissement complet.

Marmelade d'abricots. — Prenez des abricots bien mûrs ; pelez-les, coupez-les en quatre, ôtez-en les noyaux, passez alors les abricots à l'eau bouillante pendant quelques minutes, puis égouttez-les. Mettez-les ensuite à feu vif dans une terrine avec même poids de sucre, remuez bien, et quand le sucre est entièrement fondu, mettez le tout dans une bassine en remuant continuellement avec l'écumoire, et laissez cuire jusqu'à ce qu'ils commencent à former gelée sur l'écumoire.

Retirez alors du feu, laissez refroidir, puis remplissez vos pots.

La marmelade de prunes se fait de la même manière.

Marmelade de pommes. — Pelez vos pommes, ôtez-en le cœur au moyen du vide-pomme, coupez-les en tranches minces, puis mettez-les dans une casserole.

Mouillez-les d'un peu d'eau, puis saupoudrez-les d'une pincée de cannelle en poudre. Laissez-les mijoter doucement ; quand elles s'écrasent facilement, elles sont cuites.

Ajoutez-y alors un poids de sucre blanc égal à la moitié du poids des pommes, remuez bien, et laissez cuire jusqu'à consistance assez épaisse.

On fait de la même manière la marmelade de poires.

MACARONI

Macaroni à la française. — Faites cuire vos macaronis à l'eau salée ou dans du bouillon, à votre choix. Ceci fait, beurrez le fond d'un plat allant au four, disposez une couche de macaroni, saupoudrez-le d'un peu de poivre. Par-dessus, mettez une couche de fromage râpé, composée de 2/3 Gruyère et 1/3 Parmesan.

Continuez ainsi, et finissez par une couche formée de chapelure et de fromage râpé.

Mettez au four, à feu doux, jusqu'à ce que le macaroni ait pris belle couleur.

Le macaroni se sert toujours dans le plat qui a servi à le cuire.

Macaroni à l'italienne. — Faites cuire le macaroni comme il est dit plus haut. Egouttez-le bien, puis mettez-le dans une casserole, avec Gruyère et Parmesan râpés. Arrosez de consommé, ou de jus de viande, poivrez et salez.

Remuez bien le tout avec une cuillère en bois, laissez bouillir pendant 5 minutes, puis servez bien chaud.

Macaroni aux tomates. — Votre macaroni cuit à l'eau avec un peu de sel, mettez-le dans une casserole avec un bon morceau de beurre, un peu de Gruyère et de Parmesan râpés et quelques cuillerées de purée de tomates. Salez et poivrez. Mouillez de bouillon, puis mélangez bien. Faites bouillir quelques minutes à feu vif en tournant constamment, et servez chaud.

MACARONS

Prenez 500 grammes d'amandes, dont 3/4 de douces et 1/4 d'amères. Nettoyez-les bien, puis

passez-les à l'eau bouillante pendant quelques
minutes pour que la peau se détache facilement.
Enlevez-la. Egouttez ensuite les amandes, puis
pilez-les dans un mortier, en les mouillant
d'un blanc d'œuf fouetté, ou d'un peu d'eau de
fleur d'oranger.

Donnez à la pâte une consistance assez
épaisse, puis ajoutez-y de la vanille pilée, mélangée à 500 grammes de sucre blanc en
poudre.

Ceci fait, formez de votre pâte, sur une feuille
de papier, de petits tas, de forme ronde, dorez-
les au moyen d'un pinceau trempé dans un
œuf battu ; mettez la feuille ainsi garnie sur
une plaque en tôle, puis celle-ci au four, à feu
modéré. Quand les macarons ont pris belle couleur, retirez-les du feu, laissez refroidir avant de
les détacher du papier.

MERINGUES

Prenez quatre blancs d'œufs, placez-les
dans une terrine, puis battez-les en neige dans
une chambre bien fraîche. Ajoutez-y petit à
petit, et en remuant, quatre-vingts grammes de
sucre en poudre, auquel vous aurez mêlé un
zeste de citron râpé.

Ceci fait, formez de cette pâte de petits tas
que vous disposez sur une feuille de papier
blanc, à une distance d'environ 3 centimètres
les uns des autres, et que vous recouvrez de
sucre en poudre.

Mettez cette feuille de papier ainsi garnie

sur une plaque en tôle, puis celle-ci au four à feu très doux.

Une fois les meringues gonflées et de couleur blonde, détachez-les avec soin du papier, et faites un petit creux au milieu de chacune. Ainsi préparées remettez-les sur la tôle, puis au four pour les faire sécher.

Après quelques minutes, retirez-les, laissez refroidir et garnissez ensuite l'intérieur de crême à la vanille, de marmelade ou de confiture.

PAIN PERDU

Coupez quelques minces tranches de pain blanc, et mettez-les tremper dans du lait bouilli, à moitié refroidi, et auquel vous aurez mélangé un peu d'eau de fleur d'oranger ou de vanille.

Battez dans un plat creux quelques œufs crus, trempez-y vos tranches de pain bien imbibées de lait, puis faites-les frire avec du beurre, en ayant soin de les retourner dans la poêle.

Dressez-les sur un plat, et saupoudrez-les de sucre blanc en poudre.

POMMES

Charlotte de ménage. — Prenez de belles pommes, épluchez-les ; ôtez-en l'intérieur, puis coupez-les en tranches minces ; mettez les tranches dans une casserole avec un morceau de beurre, saupoudrez-les de sucre, puis mouillez-les d'un peu d'eau, ajoutez un morceau de cannelle, et laissez réduire en purée. Ayez un moule uni, garnissez-en le fond ainsi que le tour de croûtons de mie de pain frits au beurre et saupoudrés de sucre. Remplissez de votre marmelade de pommes, puis recouvrez le tout d'une mince tranche de pain, et mettez cuire au four pendant une demi-heure. Retirez du feu, renversez sur un plat, et servez chaud.

Pommes au beurre. — Ayez une compote de pommes, dont vous garnirez le fond d'un plat bien beurré. Par-dessus, étendez une mince couche de confiture d'abricots ou de prunes.

Faites cuire à moitié, dans une petite quantité d'eau très sucrée, quelques pommes de reinette, bien pelées, dont vous aurez retiré le milieu avec un vide-pommes. Retirez-les, égouttez-les, puis placez-les au-dessus de la confiture, mettez dans chaque pomme un petit morceau de beurre frais.

Saupoudrez-les de sucre, et mettez le plat au four à feu modéré pendant un quart-d'heure, jusqu'à ce que les pommes aient pris une belle couleur.

Pommes meringuées. — Ayez une marmelade de pommes, dressez-la sur un plat en forme de dôme.

Battez en neige 3 blancs d'œufs, ajoutez-y deux cuillerées de sucre en poudre, recouvrez votre marmelade de cette neige, saupoudrez de sucre, puis mettez au four et laissez prendre une belle couleur dorée.

Pommes Vosgiennes. — Prenez un plat allant

au four, beurrez-le, puis arrangez-y lès unes à côté des autres quelques pommes, que vous aurez eu soin de peler, dont vous enlèverez le milieu et que vous piquerez deux ou trois fois avec une fourchette.

Placez au milieu de chaque pomme un petit morceau de beurre, mouillez-les de moitié eau et moitié kirsch, puis faites cuire au four pendant une vingtaine de minutes.

Saupoudrez de sucre blanc râpé au moment de servir.

Pommes au rhum. — Prenez de petites pommes, pelez-les bien, puis mettez-les dans une casserole avec un morceau de cannelle. Saupoudrez-les de sucre en poudre ; mouillez-les d'eau afin qu'elles baignent bien, puis laissez-les cuire à feu modéré sans les écraser.

Dressez-les sur un plat, en forme de pyramide, saupoudrez-les de sucre râpé, et par-dessus versez un verre de rhum. Mettez le feu au moment de servir.

PUDDINGS

Plum-pudding à l'anglaise. — Prenez 250 grammes de raisins secs, épluchez-les, ôtez les pepins, puis 100 grammes de raisins de Corinthe, prenez ensuite 3 œufs, un petit verre de rhum, un verre à vin de Malaga, 60 grammes environ de graisse de rognon de bœuf bien sèche et hachée menu, autant de beurre, 250 grammes de farine, un verre de lait, 30 grammes

de sucre, un peu de sel et de muscade râpée.
A tout cela, joignez une certaine quantité de
mie de pain blanc trempée dans du lait et passée à la passoire ; mélangez bien le tout, de
façon à obtenir une pâte consistante.

De cette pâte, formez une boule, ficelez-la
dans un linge, recouvert d'une légère couche de
farine, et pendant 4 à 5 heures, faites cuire dans
l'eau bouillante. Retirez le pudding de la marmite au bout de ce temps, égouttez-le, enlevez
le linge qui l'enveloppe, puis coupez-le par
tranches.

Mettez ces tranches sur un plat, saupoudrez-
les de sucre blanc râpé, arrosez d'un peu de
rhum, et mettez le feu au moment de servir.

Sauce pour le plum-pudding. — Prenez du
sucre râpé, un morceau de beurre bien frais,
2 jaunes d'œufs ; délayez le tout dans du lait
puis mettez cette crême sur le feu, en la tournant sans la laisser bouillir.

Une fois bien épaissie, ajoutez un verre de
rhum ou de kirsch.

Pudding au riz. — Lavez avec soin 250
grammes de riz, faites-le crever dans du lait,
ajoutez 250 grammes de sucre en poudre, autant
de beurre, un peu de muscade râpée, une poignée de raisins de Corinthe, 3 jaunes d'œufs
et un blanc bien battus.

Mélangez bien le tout, puis garnissez-en un
moule que vous mettrez au four à feu doux
pendant une demi-heure environ.

Plum-Cake. — Faites fondre dans une terrine, 200 grammes de beurre frais et ajoutez-y, en le battant vivement, 200 grammes de sucre en poudre. Joignez 200 grammes de raisins de Corinthe, 60 grammes de raisins secs, que vous aurez soin d'épepiner, un zeste de citron, six œufs frais, blancs et jaunes, 360 grammes de farine et un peu de bonne levure.

Une fois la pâte bien liée, versez-la dans un moule, dont l'intérieur est garni de papier beurré, mettez-le au four, à feu modéré, pendant 1 heure 1/2. Laissez refroidir à moitié, puis dressez le gâteau sur un plat.

Pudding de pommes de terre. — Faites cuire des pommes de terre (deux litres) à l'eau salée, pelez-les, puis passez-les au tamis en les mouillant petit à petit d'un peu d'eau. Mêlez à cette pâte une demi-livre de beurre, et autant de sucre blanc en poudre, joignez-y six œufs battus, un petit verre d'eau-de-vie, et une poignée de raisins de Corinthe ; puis la pâte étant bien maniée, formez-en une boule que vous serrerez dans un linge blanc.

Mettez cuire le pudding ainsi préparé à l'eau bouillante pendant environ 40 minutes.

Retirez-le, égouttez-le, puis dressez-le sur un plat, et arrosez d'une sauce composée de vin blanc sec, très sucré, mélangé de beurre fondu.

Pudding cabinet. — Délayez 6 jaunes d'œufs dans un litre de lait bouillant, de manière à en former une crême. Joignez-y du sucre blanc en poudre, un peu de vanille, puis passez cette crême au tamis.

Beurrez et saupoudrez de sucre un moule, garnissez-en le fond d'une couche d'abricots confits, posez par-dessus une tranche de mie de pain, ou de gâteau de Savoie.

Sur le pain, placez quelques raisins secs, que vous aurez mis tremper pendant 4 heures dans du kirsch ou du rhum, puis une nouvelle couche de pain, et ainsi de suite. Par-dessus tout, versez votre crême, recouvrez le moule d'un papier beurré, et faites cuire au bain-marie pendant environ une heure.

Renversez le moule sur un plat au moment de servir.

TARTES ET FLANS

Tarte aux fruits. — Faites une pâte de moyenne consistance avec 500 grammes de farine, 350 grammes de beurre, et un litre d'eau. On peut y ajouter quelques jaunes d'œufs.

Travaillez bien votre pâte, ajoutez-y quelques grains de sel et un peu de sucre en poudre, formez-en une boule, étendez-la avec un rouleau, reprenez-la, travaillez-la de nouveau, puis étendez-la avec le rouleau en l'aplatissant à 3 millimètres environ d'épaisseur.

Ceci fait, beurrez une platine à tarte, garnissez-la de pâte, formez les bords, puis posez dessus des fruits crus, tels que cerises, fraises, prunes, groseilles, etc., dont vous aurez enlevé les queues et les noyaux.

Saupoudrez-les de sucre râpé, étendez dessus
en forme symétrique de petites bandes de pâte,
que vous aurez découpées, puis mettez cuire au
four, à bon feu, pendant environ une demi-
heure. Avant de servir la tarte, saupoudrez-la
encore d'une couche de sucre blanc en poudre.

Tarte aux pommes. — Faites une pâte comme
il est dit plus haut, étendez-la sur une platine
bien beurrée, formez-en les bords, puis couchez-
y une épaisse couche de marmelade de pommes,
ou de minces tranches de pommes crues, super-
posées en escalier, et saupoudrées de sucre et
de cannelle en poudre. Mettez ensuite la tarte
au four pendant 20 minutes environ en ayant
soin de ne pas la laisser brûler.

Dressez-la sur un plat, puis saupoudrez-la de
sucre blanc râpé.

Tarte aux confitures. — Votre pâte formée,
étendez vos confitures dessus, et procédez comme
ci-dessus.

Flan de ménage. — Délayez cinquante grammes de farine dans un demi-litre de lait avec un
peu de sel, ajoutez une bonne quantité de sucre
en poudre, mettez sur le feu en tournant pour
bien mélanger le tout.

Retirez du feu, laissez refroidir et ajoutez suc-
cessivement trois jaunes d'œufs.

On peut parfumer cette crême en y ajoutant,
soit du café très fort, soit du chocolat, soit
du thé.

Versez la crême dans un moule et faites cuire

au four. — On reconnaît que le flan est cuit quand il est devenu ferme et a pris belle couleur.

Flan de crême meringuée. — Mettez dans une casserole trois jaunes d'œufs et un œuf entier, quarante grammes de farine, un décilitre de lait. Mélangez bien le tout, vous obtenez une pâte consistante que vous mouillez peu à peu de soixante-dix centilitres de lait, ajoutez vingt grammes de beurre frais et cent grammes de sucre. Remettez la casserole sur le feu et tournez jusqu'au moment où la crême bout. Retirez de suite et laissez refroidir.

Battez en neige les blancs de vos trois œufs, mélangez de sucre en poudre, étendez cette neige sur la crême et faites prendre couleur en promenant au-dessus la pelle rougie au feu.

Flan au riz. — Prenez de la farine de riz, et formez-en une bouillie épaisse en la délayant dans du lait.

Sucrez, puis ajoutez à cette pâte un peu de vanille en poudre.

Joignez : 4 jaunes d'œufs, puis leurs blancs battus en neige. Mettez le tout dans un plat allant au four, et faites cuire à feu modéré. Au moment de servir saupoudrez de sucre en poudre, et faites prendre couleur en promenant au-dessus une pelle rougie au feu.

Flan de pommes de terre. — Délayez avec soin une cuillerée à bouche de fécule de pommes de terre dans du lait chaud, faites cuire un instant, à feu doux, et laissez refroidir.

On ajoute ensuite deux jaunes d'œufs et 3 blancs, fouettés en neige, et du sucre en poudre. Mélangez bien le tout, puis versez-le dans un moule, et faites cuire au four à feu modéré. Saupoudrez de sucre en poudre, puis faites prendre couleur avec la pelle rougie au feu.

Flan au café. — Versez dans une casserole une tasse de café noir très fort, et placez-la sur le feu, ajoutez 2 cuillerées de fécule de pommes de terre, 2 jaunes d'œufs, mélangez bien le tout en tournant avec une cuillère en bois; après quelques bouillons, retirez du feu, laissez refroidir, ajoutez au mélange 3 jaunes d'œufs, puis 3 blancs battus en neige, et du sucre blanc en poudre, mêlez bien le tout, versez dans un moule, et faites cuire au four, à feu modéré.

Flan au chocolat. — Même préparation que la précédente : on fait fondre dans le lait bouillant la quantité de chocolat nécessaire, puis on ajoute la fécule, etc.

LA

VÉRITABLE MANIÈRE

D'ACCOMMODER

LES RESTES

LE BŒUF

Beefteck réchauffé aux oignons. — Mettez un morceau de beurre dans une casserole, épluchez et coupez en rouelles quelques oignons, faites-les revenir dans le beurre en les retournant afin qu'ils ne noircissent pas, ajoutez un peu de farine, sel, poivre, tournez en mouillant d'un peu de bouillon, puis laissez cuire à petit feu pendant quelques minutes. Quand les oignons sont cuits vous placez le beefteck dans la sauce et laissez sur le feu pendant une dizaine de minutes. Servez avec la sauce.

Blanquette de bœuf. — Faites fondre un morceau de beurre dans une casserole : ajoutez-y votre bœuf bouilli coupé en morceaux de moyenne grosseur, saupoudrez de farine en remuant bien avec une cuillère, puis mouillez d'un peu de bouillon. Ajoutez : poivre, sel, et 4

épices. Après quelques bouillons, retirez la casserole sur le côté du feu ; ajoutez un jaune
d'œuf battu dans un peu de vinaigre pour lier
la sauce, et au moment de servir, du persil
et des ciboules hachés menu.

Bœuf sauce tartare. — Coupez votre bœuf
bouilli en tranches assez épaisses, faites-les
griller comme il a déjà été dit, puis dressez-les
sur un plat avec une garniture de persil.

Servez à part une sauce tartare.

Bœuf à l'italienne. — Prenez un morceau de
fromage de Gruyère et un tout petit morceau,
le quart environ, de fromage de Parmesan.
Râpez le tout. Coupez votre bœuf bouilli en tranches minces, ayant soin de laisser de côté les
peaux et les nerfs.

Mettez un peu de beurre au fond d'un plat
allant au four, disposez sur le beurre un lit de
fromage, puis un lit de tranches de bœuf, et
ainsi de suite. Saupoudrez de poivre, sel, et
chapelure la dernière couche, qui doit être de
fromage. Ajoutez quelques petits morceaux de
beurre ; faites cuire au four, à feu vif, pendant
un quart-d'heure, servez brûlant.

Bœuf au pauvre homme. — Otez-les os, le
gras et les nerfs de votre bouilli, coupez-le en
petits morceaux, passez-les dans le beurre sans
le laisser noircir, salez, poivrez, mouillez d'un
peu de bouillon. Laissez cuire à petit feu pendant un quart-d'heure, puis servez bien chaud.

Bœuf rôti réchauffé en tranches. — Coupez votre rôti en tranches d'épaisseur moyenne, faites-les réchauffer dans du bouillon ou du jus de viande, puis servez-les sur une purée de pommes de terre, de haricots ou de pois cassés.

Bœuf au gratin. — Mettez dans le fond d'un plat allant au four ou d'une casserole peu profonde, un lit de beurre manié de persil et ciboules hachés menu, sel et poivre. Etendez au-dessus un lit de tranches de bœuf bouilli coupées bien minces. Recouvrez-les d'une couche de chapelure, puis placez de nouvelles tranches de bouilli, et terminez par une couche de chapelure, persil et ciboules hachés et quelques petits morceaux de beurre. Mouillez de bouillon, puis mettez cuire au four pendant une vingtaine de minutes.

Bœuf marchand de vin. — Prenez quelques petits oignons blancs, épluchez-les bien, puis faites-les roussir dans la casserole avec un morceau de beurre. Joignez-y un peu de farine que vous laisserez roussir également, remuez bien. Ajoutez alors un demi-verre de bouillon, et autant de vin rouge, une branche de thym, feuille de laurier, sel et poivre. Mettez dans cette sauce votre bœuf bouilli coupé en tranches minces, laissez mijoter pendant une demi-heure environ, servez bien chaud.

Bœuf sauté. — Faites roussir dans la poêle quelques oignons, coupés en tranches, avec un morceau de beurre. Ajoutez votre bœuf bouilli coupé en tranches fines.

Poivrez et salez-les. Faites-les revenir, puis quand elles ont pris belle couleur des deux côtés, ajoutez un filet de vinaigre, et servez.

Bœuf en rata. — Après avoir fait revenir du lard, coupé en petits morceaux, dans une casserole, avec un morceau de beurre, ajoutez quelques pommes de terre, épluchées et lavées avec soin. Salez, poivrez, et ajoutez un bouquet garni. Mouillez d'un peu d'eau et laissez cuire à petit feu pendant 20 minutes ; quand les pommes de terre sont cuites, ajoutez votre bœuf bouilli coupé en morceaux.

Laissez cuire le tout pendant une dizaine de minutes encore, retirez le bouquet garni, puis servez bien chaud.

Bœuf à la flamande. — Faites chauffer un peu de bouillon dans une casserole, puis mettez-y cuire quelques oignons épluchés et coupés en morceaux. Après une vingtaine de minutes de cuisson, joignez votre bœuf bouilli, coupé en morceaux d'égale grosseur. Salez, poivrez. Liez la sauce avec un peu de farine, et tournez avec une cuilière en mouillant d'un peu de bouillon, si c'est nécessaire. Après une dizaine de minutes d'ébullition, ajoutez un morceau de beurre, et un peu de vinaigre. Laissez mijoter quelques minutes encore, puis servez.

Bœuf sur le gril. — Coupez votre bœuf bouilli en tranches de moyenne épaisseur, passez-les

dans du beurre fondu, assaisonné de poivre, se
et muscade, puis mettez-les sur le gril, à feu modéré, et laissez cuire cinq minutes de chaque
côté.

Dressez ces tranches sur un plat et saupoudrez-les de sel fin et de persil haché menu.

Bœuf bouilli réchauffé nature. — Faites chauffer du bouillon dans une marmite ; quand il est
bouillant, ajoutez votre viande, retirez-là après
5 minutes.

Bœuf bourgeoise. — Faites revenir quelques
oignons coupés en dés dans un peu de beurre,
mouillez de bouillon, puis ajoutez votre bœuf
bouilli coupé en tranches minces, salez et poivrez. Après quelques bouillons, liez la sauce
avec un ou deux jaunes d'œufs, ajoutez un filet
de vinaigre, puis servez bien chaud.

Bœuf à l'étouffade. — Mettez un morceau de
beurre dans une casserole, faites-y revenir du
lard coupé en dés ; ajoutez deux oignons, également coupés en dés, deux ou trois carottes
coupées en rouelles, un bouquet garni, poivre
et sel. Mouillez de bouillon ou d'eau, laissez
cuire à petit feu, pendant une demi-heure, ajoutez alors votre bouilli, coupé en morceaux. Quand
la viande est bien chaude, dressez-la sur un plat
creux, et versez par-dessus la sauce et les légumes en ayant soin de retirer le bouquet garni.

Bœuf Bourguignonne. — Faites revenir un
morceau de lard, coupé en dés, dans du beurre,

ajoutez un peu de farine, sel et poivre, et mouillez d'un mélange de moitié bouillon, moitié vin rouge ; ajoutez quelques petits oignons blancs bien épluchés; laissez cuire pendant 20 minutes, puis ajoutez à cette sauce votre bœuf bouilli coupé en tranches.

Quand la viande est bien chaude, servez avec la sauce.

Bœuf en purée de pommes. — Epluchez des pommes de terre, mettez-les cuire à l'eau salée, écrasez-les bien, puis passez-les à la passoire, en les mouillant d'un peu d'eau ou de lait.

Ceci fait, mettez-les dans une casserole, à feu doux, avec un morceau de beurre, du poivre et un peu de muscade râpée. Mouillez d'un peu d'eau ou de bouillon et laissez chauffer doucement sans bouillir.

Vous prenez alors un plat allant au four, vous le beurrez et vous y mettez une couche de purée de pommes de terre, puis une couche de bœuf bouilli coupé par tranches minces, et continuez ainsi, en finissant par les pommes de terre. Saupoudrez de chapelure, ajoutez un peu de beurre, et faites cuire au four pendant une demi-heure environ.

Servez dans le plat de cuisson.

Bœuf en navarin. — Faites revenir dans du beurre une tranche de lard coupé en dés, ajoutez quelques oignons coupés en dés et un peu de farine que vous laisserez roussir également, tournez avec une cuillère, en mouillant d'un peu

de bouillon, ajoutez thym et laurier. A part,
dans la poêle, faites revenir dans du beurre
quelques navets bien épluchés ; ajoutez-les ensuite au contenu de votre casserole avec leur
jus, salez et poivrez. Ajoutez alors votre bœuf
bouilli coupé en morceaux, laissez cuire à petit
feu pendant un quart-d'heure.

Boulettes de bœuf. — Prenez tout ce qu'il y a
de bon dans votre bœuf bouilli, ôtez avec soin les
os et les nerfs, joignez de la mie de pain, ou
des pommes de terre cuites sous la cendre,
hachez le tout menu, de manière à former une
pâte compacte. Ajoutez un bon morceau de
beurre, quelques œufs crus entiers, sel, poivre,
persil et ciboules hachés menu, un peu de muscade. Pétrissez bien le tout, puis formez de cette
pâte des boulettes, et mettez-les dans la casserole avec un morceau de beurre, laissez-les bien
roussir, puis servez-les avec une sauce piquante.

On peut également les ranger sur un plat,
puis les mettre au four ; il faut alors placer sur
chaque boulette un petit morceau de beurre et
les arroser de leur jus pendant la cuisson.

On peut aussi les passer dans de la friture
bien chaude.

On prépare des boulettes avec n'importe
quelle espèce de restes de viande ou de gibier.

Cervelles de bœuf mayonnaise. — Dressez vos
restes de cervelles de bœuf sur un plat, garnis-
sez-le de persil et de tranches de cornichons,
puis couvrez-les d'une sauce mayonnaise.

Émincés de bœuf rôti. — Mettez roussir dans une casserole un morceau de beurre, mouillez de moitié vin rouge et moitié bouillon ; laissez bien chauffer, puis ajoutez votre bœuf rôti coupé en tranches minces. Assaisonnez de poivre, sel, une feuille de laurier.

Laissez cuire à petit feu pendant un quart-d'heure, servez bien chaud.

Hachis de bœuf. — Otez les os, la peau et les nerfs de votre bouilli, hachez-le menu, puis mettez-le dans une casserole avec un morceau de beurre, ajoutez une pincée de farine, poivre, sel, 4 épices, persil et ciboules hachés. Mouillez d'un peu de bouillon ou d'eau à votre choix. Laissez cuire à feu doux pendant 20 minutes, servez bien chaud.

Miroton. — Coupez votre bœuf bouilli en tranches aussi minces que possible, ôtez les os et les nerfs. Faites roussir dans une casserole, avec un morceau de beurre, quelques oignons coupés en dés ; placez-y vos tranches de bœuf. Ajoutez un peu de farine, poivre, sel, laurier, thym, persil haché menu, remuez bien avec une cuillère.

Mouillez d'un peu de bouillon, et laissez cuire pendant une demi-heure à petit feu. Au moment de servir, ajoutez un filet de vinaigre et quelques tranches de cornichons conservés au vinaigre.

Miroton de langue de bœuf. — Faites fondre sans roussir dans une casserole un morceau de beurre manié de farine, ajoutez persil, estragon et des petits oignons, puis mouillez d'un peu de bouillon ou de vin blanc ; salez et poivrez. Laissez bouillir pendant quelques minutes, puis mettez dans cette sauce vos restes de langue coupés en tranches minces. Après une dizaine de minutes de cuisson, à feu doux, ajoutez un filet de vinaigre, servez bien chaud.

Pâté de bœuf. — Retirez les os et les nerfs de votre bœuf bouilli, hachez-le menu, ajoutez-y un peu de chair à saucisses bien épicée, un jaune d'œuf, puis maniez bien le tout. Formez de cette pâte une manière de gâteau que vous placerez dans un plat creux, bien beurré, allant au four. Disposez au-dessus quelques petits morceaux de beurre, faites cuire au four à bon feu pendant une demi-heure, en ayant soin de l'arroser de son jus pendant la cuisson.

Rognon de bœuf sur canapé. — Découpez en filets les restes d'un rognon de bœuf, faites-les réchauffer dans du bouillon, puis servez-les sur une purée de pommes de terre ou de pois cassés.

Rôti de bœuf réchauffé. — Enveloppez votre rôti dans une feuille de papier beurré, puis mettez-le au four, à feu doux, jusqu'à ce qu'il soit bien chaud.

Si le morceau de viande est petit, entourez-le également de papier beurré, puis mettez-le sur le gril pendant quelques minutes.

Salade de bœuf. — Après avoir enlevé les os, la peau et les nerfs de votre bœuf bouilli, coupez-le en petits morceaux, mettez-les dans un saladier, saupoudrez-les de sel, poivre, persil et ciboules hachés menu. Assaisonnez d'huile et de vinaigre comme pour une salade, remuez avec soin. On ajoute souvent à la salade de bœuf une cuillerée de moutarde et quelques cornichons coupés en tranches minces.

LE VEAU

Boulettes de veau rôti. — Otez les os et les nerfs de votre rôti de veau, coupez-le ensuite en morceaux que vous hachez menu. Ajoutez deux jaunes d'œufs, de la mie de pain trempée dans du lait tiède, poivre et sel.

Pétrissez le tout de façon à former une pâte bien consistante et faites-en des boulettes. Roulez-les dans la farine, disposez-les les unes à côté des autres, dans un plat allant au four, avec un petit morceau de beurre sur chacune d'elles. Ayez soin d'arroser de leur jus pendant la cuisson, servez quand les boulettes ont pris belle couleur.

Cervelles de veau frites. — Divisez en morceaux vos restes de cervelles, trempez-les dans une pâte à beignets, puis faites-les frire dans du beurre ou du saindoux.

Egouttez-les bien, puis dressez-les sur un plat avec une garniture de persil frit.

Émincés de veau aux fines herbes. — Faites fondre sans roussir un morceau de beurre dans

une casserole, puis ajoutez persil et ciboules
hachés menu ; salez et poivrez. S'il vous reste
du jus de veau, ajoutez-le, s'il ne vous en reste
pas, mouillez d'un peu de bouillon. Laissez cuire
à petit feu pendant quelques minutes, puis mettez réchauffer votre veau coupé en tranches
dans cette sauce. Laissez cuire à petit feu, une
dizaine de minutes avant de servir.

Émincés de veau au riz. — Après avoir
bien lavé votre riz, faites-le crever dans un
peu de bouillon ; quand le riz a absorbé le
bouillon, ajoutez le jus de la viande, s'il vous en
reste, ou à défaut, un bon morceau de beurre,
salez, poivrez, puis laissez cuire doucement sur
le côté du feu. Pendant ce temps, faites réchauffer dans du bouillon votre rôti coupé en tranches. Dressez le riz sur un plat, et par-dessus
les tranches de veau.

Émincés de veau sauce piquante. — Faites
roussir un morceau de beurre dans la casserole,
puis ajoutez votre rôti coupé en tranches minces, sel, poivre, persil et ciboules hachés, quelques cornichons conservés coupés en tranches,
assaisonnez avec un filet de vinaigre.

Laissez cuire à petit feu pendant un quart-
d'heure, puis, avant de servir, ajoutez un peu de
moutarde.

Émincés de veau aux pointes d'asperges. —
Prenez des asperges, et, après les avoir épluchées, coupez-les en petits morceaux ; faites-
les cuire à l'eau bouillante, légèrement salée.

Egouttez-les, puis mettez-les dans une casserole avec un morceau de beurre manié de farine. Mouillez d'un peu de bouillon, poivrez, et laissez cuire à feu doux pendant une dizaine de minutes. Pendant ce temps, faites réchauffer dans son jus ou dans du bouillon le rôti de veau coupé en tranches minces.

Liez la sauce où sont vos pointes d'asperges en y ajoutant un jaune d'œuf, ayez soin de tourner sans laisser bouillir ; versez vos asperges sur un plat et dressez par-dessus les tranches de viande.

Foie de veau sauté. — Mettez du beurre dans la poêle, laissez-le bien roussir, jetez-y quelques branches de persil ; quand elles sont bien frites, ajoutez votre foie de veau coupé en tranches ; laissez-les bien roussir des deux côtés, puis dressez-les sur un plat. Mettez ensuite dans la poêle un peu de vinaigre, laissez-le bien chauffer en remuant, et versez la sauce sur les tranches de foie.

Foie de veau à la bourgeoise. — Mettez dans la casserole un morceau de beurre, et faites-y revenir un morceau de lard coupé en dés. Ajoutez deux oignons moyens coupés en dés également, une carotte coupée en rouelles, une feuille de laurier, assaisonnez d'un peu de poivre.

Mouillez de bouillon et laissez cuire à feu doux : quelques minutes avant de servir, ajoutez votre foie coupé en tranches minces.

Servez avec la sauce et les légumes.

Foie de veau bourguignonne. — Faites revenir quelques petits oignons dans du beurre, mouillez de moitié vin rouge, moitié bouillon. Ajoutez une feuille de laurier, poivre, sel et laissez cuire à petit feu pendant une vingtaine de minutes. Faites réchauffer dans cette sauce votre foie coupé en tranches.

Au moment de servir liez avec un peu de farine.

Fraise de veau en blanquette. — Les restes de fraise de veau se préparent de la même manière que les restes de rôti de veau en blanquette.

Omelette au rognon. — S'il vous reste du rognon de veau, coupez-le en morceaux, puis ajoutez-les à des œufs pour préparer une omelette ou des œufs brouillés.

Pieds de veau en sauce. — Faites-les réchauffer en les plongeant dans l'eau bouillante salée, puis dressez-les sur un plat garni de persil, et servez à part : une sauce poulette, tartare, remoulade, vinaigrette ou poivrade.

Ris de veau frits. — Trempez dans la pâte à beignets vos restes de ris de veau, puis plongez-les pendant quelques minutes dans une friture bien chaude. Dressez-les sur un plat garni de persil frit.

Rôti de veau réchauffé. — Enveloppez votre rôti dans une feuille de papier beurré, mettez-le au four pendant une demi-heure, puis servez-le avec son jus réchauffé.

Rôti de veau en blanquette. — Mettez dans une casserole un morceau de beurre manié de farine, laissez chauffer sans roussir, tournez avec une cuillère en mouillant avec de l'eau chaude, ou du bouillon. Salez, poivrez, ajoutez thym et laurier, puis mettez dans cette sauce votre rôti coupé en tranches minces. Laissez cuire à petit feu pendant une vingtaine de minutes, au moment de servir liez la sauce avec un jaune d'œuf. Ajoutez un filet de vinaigre, puis servez avec la sauce en la saupoudrant de persil haché menu.

Rôti de veau mayonnaise. — Coupez votre rôti de veau en tranches minces, dressez-les sur un plat avec une garniture de persil, puis couvrez-les d'une sauce mayonnaise.

Rôti de veau aux épinards. — Coupez votre rôti de veau en tranches minces, que vous faites réchauffer dans du bouillon ou dans son jus que vous mouillez au besoin d'un peu d'eau. Dressez-les ensuite sur un plat d'épinards.

Le veau réchauffé de cette façon se sert aussi sur une purée de pommes de terre, de haricots ou de pois cassés.

Tête de veau vinaigrette. — Faites réchauffer la tête de veau dans sa cuisson, ou plongez-la pendant quelques minutes dans de l'eau bouillante légèrement salée. Egouttez-la, puis dressez-la sur un plat avec une garniture de persil, et servez une sauce vinaigrette à part.

Tête de veau frite. — Coupez par morceaux ce qui vous reste d'une tête de veau ; passez ces morceaux dans une pâte à beignets, saupoudrez-les de chapelure, et faites-les frire dans du beurre.

Il faut laisser les morceaux très peu de temps dans la friture, les retirer dès qu'ils ont pris couleur.

Tête de veau poulette. — Coupez en morceaux d'égale grosseur les restes d'une tête de veau ; faites-les réchauffer dans une sauce blanche bien épicée.

Tête de veau sauce piquante. — Même préparation que ci-dessus.

Tête de veau sauce aux tomates. — Faites une sauce aux tomates, puis procédez comme ci-dessus.

LE MOUTON

Émincés de mouton sauce poivrade. — Coupez quelques minces tranches de gigot, dressez-les sur un plat allant au feu ; mouillez-les de jus de gigot s'il vous en reste et, dans le cas contraire, de bouillon, puis faites-les chauffer légèrement sur le côté du fourneau.

Versez par-dessus, au moment de servir, une sauce poivrade très chaude.

Émincés de mouton au jus. — Coupez le restant d'un gigot en tranches minces, mettez-les dans une casserole, ou sur un plat, et mouillez-les de leur jus. Ajoutez un peu de poivre et de

sel, laissez cuire doucement pendant quelques
minutes, mouillez d'un peu de bouillon, si cela
vous paraissait nécessaire.

Grillades de mouton. — Coupez votre restant
de gigot en tranches de moyenne épaisseur,
passez-les dans du beurre fondu, et placez-les
sur le gril, à feu vif, pendant quelques minutes.
Dressez sur un plat, et arrosez de beurre fondu,
manié de persil haché menu, sel et poivre.

Gigot réchauffé nature. — Enveloppez ce qui
vous reste de gigot d'un papier blanc bien
beurré, mettez-le au four pendant 1/2 heure environ, en ayant soin de le retourner de temps
à autre, et de l'arroser, si c'est nécessaire, avec
un peu de beurre fondu.

Servez à part le jus réchauffé.

Gigot en miroton. — Se prépare comme le
bœuf bouilli en miroton.

Gigot de mouton en ragoût. — Faites revenir
dans du beurre une tranche de lard coupée en
dés. Ajoutez deux oignons de grosseur moyenne
ainsi que deux carottes coupées en rouelles,
un peu de poivre, et une cuillerée de farine.
Tournez avec une cuillère, en mouillant avec
du bouillon, placez dans cette sauce votre restant de gigot coupé en tranches, laissez cuire
à feu doux pendant deux heures. Servez chaud.

Hachis de mouton. — Découpez en morceaux
vos restes de gigot en ayant soin d'enlever la

peau et les nerfs, joignez du lard dans la proportion d'une livre pour quatre livres de gigot.

Ajoutez 2 échalotes et un peu de persil.
Hachez le tout ensemble, bien menu. Salez,
poivrez, ajoutez deux œufs crus entiers. Formez de cette pâte une sorte de gâteau que vous
ferez cuire au four pendant 1 heure 1/2, dans
un plat, avec un peu de beurre.

Servez une sauce poivrade à part.

Mouton paysanne. — Mettez un morceau de
beurre dans une casserole, puis vos restes de
mouton coupés en morceaux. Salez et poivrez.

Mouillez de moitié bouillon et moitié vin
blanc; laissez cuire à petit feu pendant une
demi-heure, ajoutez un filet de vinaigre au moment de servir.

Poitrine de mouton sauce poivrade. — Coupez
en morceaux ce qui vous reste d'une poitrine de
mouton, trempez-les dans du beurre fondu.

Saupoudrez-les de chapelure, assaisonnée de
poivre et de sel, puis faites-les griller à feu
doux pendant quelques minutes en ayant soin
de les retourner. Quand ils seront de belle couleur, dressez-les sur un plat, et servez à part une
sauce poivrade.

Poitrine de mouton navarin. — Prenez les
restes d'une poitrine de mouton, coupez-les en
morceaux, puis faites-les réchauffer dans un
ragoût de pommes de terre et de navets. Assaisonnez de sel et poivre, et servez bien chaud.

LE PORC

Cochon de lait sauce tartare. — Coupez en tranches assez épaisses ce qui vous reste de votre cochon de lait, trempez-les dans du beurre tiède, roulez-les dans la chapelure, puis faites-les griller des deux côtés.

Quand ils ont pris belle couleur, dressez-les sur un plat, et couvrez-les d'une sauce tartare.

Jambon frit. — Faites fondre du beurre dans la poêle, laissez-le roussir, puis mettez-y frire vos restes de jambon coupés en tranches. Ayez soin de les retourner. Dressez-les sur un plat. Dans le jus, qui reste dans la poêle, faites frire quelques branches de persil, ajoutez un peu de vinaigre, et versez le tout sur les tranches de jambon.

Porc rôti sauce poivrade. — Coupez les restes de votre rôti en tranches minces, faites-les réchauffer dans une sauce poivrade. Servez chaud.

On pourrait employer une sauce aux tomates, ou une sauce Robert.

Porc rôti en blanquette. — Procédez absolument comme pour le rôti de veau en blanquette.

Porc rôti sur canapé. — Coupez votre rôti de porc en tranches minces, et faites-les réchauffer soit dans leur jus, ou dans un peu de bouillon.

Dressez ensuite ces tranches sur une purée de pois, de haricots, de marrons, d'oignons ou de pommes de terre.

Ragoût de porc. — Faites revenir une tranche de lard coupée en dés dans du beurre ; ajoutez quelques petits oignons bien épluchés, et un peu de farine. Tournez, en mouillant d'un peu d'eau ou de bouillon, ajoutez des pommes de terre épluchées et coupées en quatre, salez et poivrez. Joignez une branche de thym, une feuille de laurier, et laissez cuire à petit feu pendant une demi-heure. Ajoutez alors votre porc coupé en morceaux, laissez mijoter le tout pendant un quart-d'heure, puis servez chaud.

LE GIBIER

Boulettes de lièvre. — Prenez ce qui vous reste de chairs d'un lièvre, ajoutez-y le foie, le cœur, les rognons et la cervelle et hachez le tout menu. Assaisonnez de poivre, sel, 4 épices, mélangez avec deux jaunes d'œufs crus de façon à former une pâte de laquelle vous ferez des boulettes d'une grosseur ordinaire. Saupoudrez-les de farine, puis mettez-les dans un plat avec un petit morceau de beurre sur chacune d'elles ; faites cuire au four à feu doux 20 à 25 minutes, servez-les. S'il restait du sang de lièvre on l'ajouterait à la pâte.

Fricassée de lapin aux petits oignons. — Si vous avez des restes de lapin rôti, coupez-les en petits morceaux, puis mettez-les dans une casserole avec un morceau de beurre, thym, laurier, poivre, sel. Saupoudrez d'une cuillerée de farine, tournez en mouillant avec du bouillon, ajoutez un demi-verre de vin rouge, et laissez cuire à petit feu pendant 20 minutes. Pendant ce temps, faites revenir dans une autre casserole une douzaine de petits oignons bien épluchés. Laissez-les cuire à demi, puis ajoutez-les au contenu de la première casserole. Laissez chauffer le tout pendant un quart-d'heure encore, servez bien chaud.

Salmis de lapin. — Faites un roux, mouillez de moitié bouillon, moitié vin blanc ; ajoutez deux oignons et 2 carottes coupés en rouelles, poivre, sel, thym, laurier et les os cassés de votre lapin.

Laissez bouillir pendant 1/2 heure, passez votre sauce au tamis, puis mettez-y réchauffer les restes de votre lapin coupés en morceaux.

Une vingtaine de minutes de cuisson suffisent. Il ne faut plus laisser bouillir, ajoutez un filet de vinaigre avant de servir.

Salmis de lièvre. — Procédez comme pour le salmis de lapin.

Salmis de perdreaux. — Détachez avec soin les membres et la chair de vos perdreaux.

Prenez les débris et les os, brisez-les, mettez-les dans une casserole avec un morceau de beurre, ajoutez le reste des foies écrasés, laissez roussir ; ajoutez une demi-cuillerée de farine, puis mouillez de moitié vin blanc, moitié bouillon. Salez, poivrez et ajoutez un bouquet garni.